나방 애벌레 도감 3

Guidebook of Moth Larvae

한국 생물 목록 32
Checklist Of Organisms In Korea

나방 애벌레 도감 3
Guidebook of Moth Larvae

펴낸날 2021년 5월 14일
지은이 허운홍

펴낸이 조영권
만든이 노인향, 백문기
꾸민이 토가 김선태

펴낸곳 자연과생태
주소 서울 마포구 신수로 25-32, 101(구수동)
전화 02) 701-7345~6 **팩스** 02) 701-7347
홈페이지 www.econature.co.kr
등록 제2007-000217호

ISBN : 979-11-6450-035-2 96490

한국 생물 목록 32
Checklist Of Organisms In Korea

나방
애벌레
도감 3

Guidebook
of Moth Larvae

글·사진 **허운홍**

자연과생태

카메라 셔터 릴리즈가 작동을 않는다. 아아, 너도 늙었구나!
예전 같으면 '아, 돈 들 일이 생겼구나' 했을 텐데.

이 일을 시작한 지 14년이 지나고 있다. 배낭 무게로 어깨는 굽고, 작은 키는 더욱 작아졌다. 6~8시간 서 있자면 무게를 감당하지 못해 발바닥은 불이 난다. 전시 판 미침이 눈에 잡히지 않을 정도로 시력은 더욱 나빠졌다.

사람들은 그 힘든 일을 왜 하냐고 묻는다. 내 대답은 간단하다. "누웠다 앉았다, TV 켰다 껐다, 그 일을 하기 싫어서요." 그러나 그보다도 나방과 함께하는 생활 은 나에게 엄청난 기쁨과 즐거움을 주기 때문에 그만둘 수가 없다.

우리는 나방의 얼굴만 알지 각각의 삶이 어떤지 알지도 못할 뿐 아니라 알려고도 하지 않는다. 언제 태어나는지, 어디에서 사는지, 무엇을 먹는지, 어떻게 사는지, 왜 그렇게 사는지 나는 궁금했다. 그리고 나는 그들의 고통, 수고, 고단함을 보았 다. 언제나 긴장하며 살아남고자 안간힘 쓰는 것을 봤다. 그러나 이 모든 것을 근 원적으로 없애는 존재가 있다. 인간.

그들이 존재함을, 그들이 존재해야 함을 내가 증명해야 하는 것이 아닐까. 이것 이 나에게 기쁨과 즐거움을 주는 그들에 대한 보답이 될까. 내가 계속 이 일을 해 야 하는 이유가 될 수 있을까.

이 책은 전라도에 가서 지내며 그들을 만난 결과물이다. 따라서 남부 종만 있는 것은 아니지만, 남부에만 서식하는 종이 많다. 아직도 많이 미진하고 미련이 남지만 일단 서울로 돌아와서 강원도와 충청도를 조사할 계획이다. 그것은 4권에 담을 예정이다. 나는 전문가가 아니어서 동정에 오류가 있을 수 있다. 전문가들의 조언을 기다린다. 덧붙여 『나방 애벌레 도감』 1, 2권을 본 독자 분들은 이 책 말미에 실은 1, 2권 수정 부분을 꼭 봐 주시기를 바란다.

남부 지방에 사는 나방을 채집하고자 아는 사람 한 명 없는 전라도로 가서 4년간 머물렀다. 그동안 나에게 많은 도움을 주신 분들이 있다. 김상수 씨, 이정학 씨, 하정옥 씨의 도움이 없었다면 이 책에 싣지 못했을 종이 많다. 그 감사함은 말로 표현하기 어렵다. 특히 김상수 씨는 내가 동정 도움을 청할 때마다 열심히 도와주셨다. 그 외에도 동정을 도와주신 목포대학교 최세웅 교수님, 한남대학교 변봉규 교수님, 국립수목원 노승진 씨, 서울대 박사후연구원 김소라 씨, 한남대학교 대학원 변혜민 씨, 인천대학교 대학원 차영빈 씨에게도 감사한 마음을 전한다. 특히 최세웅 교수님은 가까이 살았기 때문에 더욱 많이 도와주셨고, 차영빈 씨는 내가 채집한 혹나방을 전부 검토해 주셔서 오동정을 바로잡을 수 있었다. 그 고마움은 잊지 못할 것이다. 박규택 교수님은 뿔나방과와 남방뿔나방과를 1권부터 모두 검토해 주셨다. 교수님 덕분에 이 분야의 꺼림칙했던 동정들이 깨끗이 해결되어 숙제를 던 느낌이다. 정말 큰 감사를 드린다. 늘 응원하고 도와주신 박경현 씨와 김지연 씨에게도 감사한 마음을 전한다.

고등학교 동창들이 말한다. "까다로운 너의 남편은 한 동네서 한 명이나 나온다면, 너는 대한민국에서 한 명이 나온다. 누가 벌레 키우는 사람하고 사냐. 나라면 당장 이혼이다"라고. 벌레 키우는 사람을 마다하지 않고, 열심히 이사할 곳을 물색해 준 남편에게 감사한다. 마지막으로 어려운 출판 여건 속에서도 쾌히 책을 출판해 주시는 조영권 대표에게 무한히 감사한다.

2021년 5월
허운홍

일러두기

1. 우리나라에 사는 나방 330종의 유충과 성충을 수록했다. 이와 더불어 유충과 성충, 먹이식물은 확인했지만 정확히 동정하지 못한 19종도 실었다.

2. 논문으로 발표된 종의 국명은 「국가생물종목록」(국립생물자원관, 2019)을 따랐으며, 논문으로 발표되지 않은 종의 국명은 『한국 나방 도감』(김상수·백문기, 자연과생태, 2020)과 『완도수목원의 나방』(완도수목원, 2016)을 따랐다.

3. 최근 이루어진 나비목 DNA 분석에 따라 분류체계가 많이 바뀌었다. 대표적으로 기존 밤나방과가 태극밤나방과와 밤나방과로 분리되었으며, 이에 따라 아과도 많이 바뀌었고 국명이 변한 종도 많다. 변경 사항이 아직 완전히 적용되지 않아서 「국가생물종목록」 게시 연도에 따라 국명이 서로 다른 종도 있다. 이런 종에서는 기존 국명을 괄호 안에 넣어 병기했다.

4. 대개 유충을 채집해 키우며 확인한 정보를 기록했기 때문에 자연 상태에서는 우화시기 등이 다를 수 있다.

5. 수록 종 대부분이 알에서부터 키운 것이 아니기 때문에 정확한 령을 알 수 없었다. 그래서 종령 전 유충 사진에는 '종령 전 유충' 또는 '중령 유충'이라고 적었다. 대부분 종은 4회 탈피하기에 5령이 종령 유충이 되나, 밤나방 중에는 5회 탈피하는 종, 독나방과 솔나방 중에는 7회 이상 탈피하는 종도 있었다. '령' 언급이 없는 것은 종령을 뜻한다. 또한 '노숙 유충'은 번데기가 되기 전 몸 길이나 색깔, 무늬 등이 변한 유충을 뜻한다.

6. 성충 날개 형태 설명은 정지 자세를 기준으로 했다. 그래서 표본으로 보면 '세로'이지만 이 기준에 따라 '가로(횡)'라 적었다.

7. 앞날개 '뒤가장자리' 끝부분을 '후연각'으로 나타내기도 했으며, 내횡선대는 내횡선 근처의 넓은 띠 부분을 말한다.

8. "흙 속에 들어가 고치를 튼다" 또는 "흙으로 고치를 튼다"는 표현은 유충이 실을 내어 흙을 섞어서 고치를 트는 것을 뜻한다.

9. 확실하게 동정하기 어려운 종은 생식기 검경이 필요하다고 언급했다. 이 분야의 전문가가 확인해 주면 고맙겠다.

10. 앞서 펴낸 1, 2권에서 고칠 내용이나 당시에 동정하지 못했다가 이후 동정한 종을 새로이 정리해 책 뒷부분에 실었다.

유충과 성충

분류기호 활용하기

분류체계에 따른 과와 아과 나열 순서에 익숙하지 않은 독자는 궁금한 종을 빨리 찾는 데에 어려움을 겪을 것 같아서 아래처럼 분류기호를 만들었다.

- 과(Family)와 아과(Subfamily)는 아래와 같은 분류기호로 구분했다.
- 본문은 분류기호 순(A~Z)으로 나열했다.
- 낯선 유충을 만났을 때 '빨리 찾기'에서 비슷한 종을 찾고, 분류기호에 따라 해당 쪽을 찾아간다.
- 같은 분류기호 범위의 종들과 비교하며 정확히 동정한다.

과 분류기호(Classification sign, Family)		아과 분류기호(Classification sign, Subfamily)	
A	곡나방과 Incurvariidae		
B	주머니나방과 Psychidae		
C	가는나방과 Gracillariidae	C-1	민가는나방아과 Gracillariinae
		C-2	가는나방아과 Lithocolletinae
D	집나방과 Yponomeutidae	D-1	상제집나방아과 Saridoscelinae
		D-2	집나방아과 Yponomeutinae
E	굴나방과 Lyonetiidae		
F-1	큰원뿔나방과 Depressariidae		
F-2	남방뿔나방과 Lecithoceridae		
F-3	감꼭지나방과 Stathmopodidae		
F-4	과 국명 없음 Epimarptidae		
F-5	창날개뿔나방과 Cosmopterigidae		
F-6	애기비단나방과 Scythrididae		
F-7	풀굴나방과 Elachistidae		
G	뿔나방과 Gelechiidae		
H	굴벌레나방과 Cossidae		
I	잎말이나방과 Tortricidae	I-1	잎말이나방아과 Tortricinae
		I-2	애기잎말이나방아과 Olethreutinae
J-1	뭉뚝날개나방과 Choreutidae		
J-2	털날개나방과 Pterophoridae		

과 분류기호(Classification sign, Family)		아과 분류기호(Classification sign, Subfamily)	
K	창나방과 Thyrididae		
L	명나방과 Pyralidae	L-1	부채명나방아과 Galleriinae
		L-2	비단명나방아과 Pyralinae
		L-3	알락명나방아과 Phycitinae
		L-4	집명나방아과 Epipaschiinae
M	풀명나방과 Crambidae	M-1	순들명나방아과 Glaphyriinae
		M-2	들명나방아과 Pyraustinae
N	알락나방과 Zygaenidae		
O	갈고리나방과 Drepanidae	O-1	갈고리나방아과 Drepaninae
		O-2	뾰족날개나방아과 Thyatirinae
P	자나방과 Geometridae	P-1	가지나방아과 Ennominae
		P-2	겨울자나방아과 Alsophilinae
		P-3	푸른자나방아과 Geometrinae
		P-4	애기자나방아과 Sterrhinae
		P-5	물결자나방아과 Larentiinae
Q	제비나방과 Uraniidae		
R	솔나방과 Lasiocampidae		
S-1	누에나방과 Bombycidae		
S-2	왕물결나방과 Brahmaeidae		
S-3	산누에나방과 Saturniidae		
T	박각시과 Sphingidae	T-1	박각시아과 Sphinginae
		T-2	꼬리박각시아과 Macroglossinae
U	재주나방과 Notodontidae	U-1	왕재주나방아과 Dudusinae
		U-2	꽃무늬재주나방아과 Dicranurinae
		U-3	재주나방아과 Notodontinae
		U-4	기린재주나방아과 Ptilodontinae
		U-5	애기재주나방아과 Pygaerinae

과 분류기호(Classification sign, Family)		아과 분류기호(Classification sign, Subfamily)	
V	태극나방과 Erebidae	V-1	톱니큰나방아과 Scoliopteryginae
		V-2	노랑수염나방아과 Hypeninae
		V-3	독나방아과 Lymantriinae
		V-4	짤름나방아과 Pangraptinae
		V-5	줄수염나방아과 Hermininae
		V-6	불나방아과 Arctiinae
		V-7	갈고리큰나방아과 Calpinae
		V-8	가을뒷노랑큰나방아과 Hypocalinae
		V-9	잎짤름나방아과 Boletobiinae
		V-10	태극나방아과 Erebinae
		V-11	아과 미정 Pendency
W	비행기나방과 Euteliidae		
X	혹나방과 Nolidae	X-1	고구마껍질나방아과 Risobinae
		X-2	푸른나방아과 Chloephorinae
		X-3	혹나방아과 Nolinae
Y	밤나방과 Noctuidae	Y-1	은무늬밤나방아과 Plusiinae
		Y-2	봉인밤나방아과 Bagisarinae
		Y-3	띠꼬마밤나방아과 Eustrotiinae
		Y-4	버짐나방아과 Pantheinae
		Y-5	저녁나방아과 Acronictinae
		Y-6	까마귀밤나방아과 Amphipyrinae
		Y-7	희미무늬밤나방아과 Condicinae
		Y-8	어린밤나방아과 Eriopinae
		Y-9	밤나방아과 Noctuinae
Z	미동정 종 unidentified species		

유충 및 은신처 형태로 '과' 찾기와 '종' 빨리 찾기

1. 은신처를 만들지 않는 것

1) 털이 별로 없다.

a. **배다리가 1쌍이다.**
자나방과

b. **3배마디와 4배마디 다리가 퇴화했거나 작다.**
태극나방과의 노랑수염나방아과, 짤름나방아과, 갈고리큰나방아과, 태극나방아과,
밤나방과의 은무늬밤나방아과, 봉인밤나방아과

c. **배다리가 4쌍이고 배 끝에는 돌기가 없다.**
제비나방과 일부, 재주나방과 일부, 태극나방과의 톱니큰나방아과, 줄수염나방아과,
혹나방과의 고구마껍질나방아과, 푸른나방아과, 밤나방과의 저녁나방아과 일부,
희미무늬밤나방아과, 어린밤나방아과, 밤나방아과

d. **배다리가 4쌍이고 배 끝에 돌기나 긴 가시가 있다.**
갈고리나방과의 갈고리나방아과, 누에나방과, 박각시과, 재주나방과 일부

e. **배다리가 4쌍이고 육질 돌기가 있다.**
갈고리나방과 일부, 왕물결나방과, 옥색긴꼬리산누에나방, 재주나방과 일부

2) 털이 많거나 센 털이 있다.

솔나방과, 태극나방과의 독나방아과, 불나방아과, 밤나방과의 버짐나방아과, 저녁나방아과

3) 털받침에 짧은 방사형 털 다발이 있다(대개 크기가 작다).

알락나방과, 털날개나방과 일부, 혹나방과의 혹나방아과

2. 은신처를 만드는 것

a. 잎을 접거나, 여러 장을 붙이거나 또는 원통형으로 만 것
큰원뿔나방과, 뿔나방과, 잎말이나방과, 뭉뚝날개나방과, 명나방과의 알락명나방아과,
집명나방아과 일부, 풀명나방과, 갈고리나방과의 뾰족날개나방아과,
밤나방과의 밤나방아과 일부

b. 작은 잎 조각이나 나무껍질 조각 또는 지의류를 붙여 집을 짓거나 몸에 붙인 것
곡나방과, 주머니나방과, 자나방과의 푸른자나방아과 일부,
태극나방과의 잎짤름나방아과 일부

c. 실로 잎 여러 장을 붙여 텐트 모양으로 만든 것
집나방과, 명나방과의 비단명나방아과, 집명나방아과 일부

d. 잎을 약간 오므라트려 실을 많이 치고 그 아래에 있는 것
명나방과의 집명나방아과 일부

e. 잎이나 줄기 속에 있는 것
가는나방과의 가는나방아과, 굴나방과, 알락굴벌레나방, 뿔나방과 일부

f. 꽃봉오리나 열매 속에 있는 것
열매꼭지나방, 뿔나방과, 잎말이나방과의 애기잎말이나방아과,
풀명나방과의 들명나방아과 일부

g. 잎을 깔때기 모양으로 만 것
가는나방과의 민가는나방아과 일부, 창나방과

h. 잎을 조금 접어 붙이거나 삼각뿔 모양으로 붙인 것
가는나방과의 민가는나방아과

<참고>

- 과나 아과에 속한 종 대부분이 해당하면 밑줄을 쳐 놓았다. 무리에서 확실하게 한 종만 확인한 것은 종명을 넣었고, 한 종만 있어 분류하기가 어려운 것은 표에서 뺐다.
- 빨리 찾기는 종령 기준이다. 종령 이전까지 잎을 붙이고 숨어 사는 종은 적용하지 않았다.

1. 은신처를 만들지 않는 것

1) 털이 별로 없다.

a. 배다리가 1쌍이다.

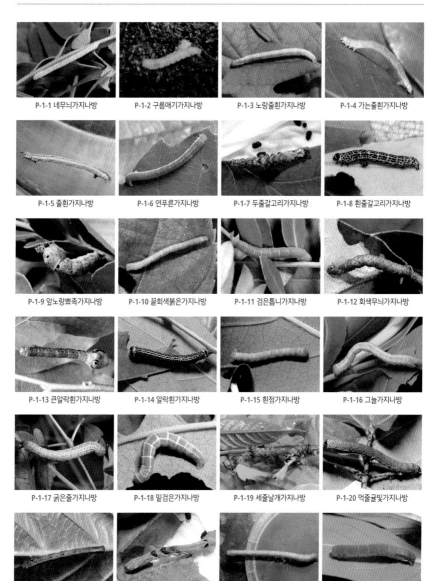

P-1-1 네무늬가지나방

P-1-2 구름애기가지나방

P-1-3 노랑줄흰가지나방

P-1-4 가는줄흰가지나방

P-1-5 줄흰가지나방

P-1-6 연푸른가지나방

P-1-7 두줄갈고리가지나방

P-1-8 흰줄갈고리가지나방

P-1-9 앞노랑뾰족가지나방

P-1-10 끝회색붉은가지나방

P-1-11 검은톱니가지나방

P-1-12 회색무늬가지나방

P-1-13 큰알락흰가지나방

P-1-14 알락흰가지나방

P-1-15 흰점가지나방

P-1-16 그늘가지나방

P-1-17 굵은줄가지나방

P-1-18 밑검은가지나방

P-1-19 세줄날개가지나방

P-1-20 먹줄귤빛가지나방

P-1-21 영실회색가지나방

P-1-22 연회색가지나방

P-1-23 흰무늬노랑가지나방

P-1-24 참물결가지나방

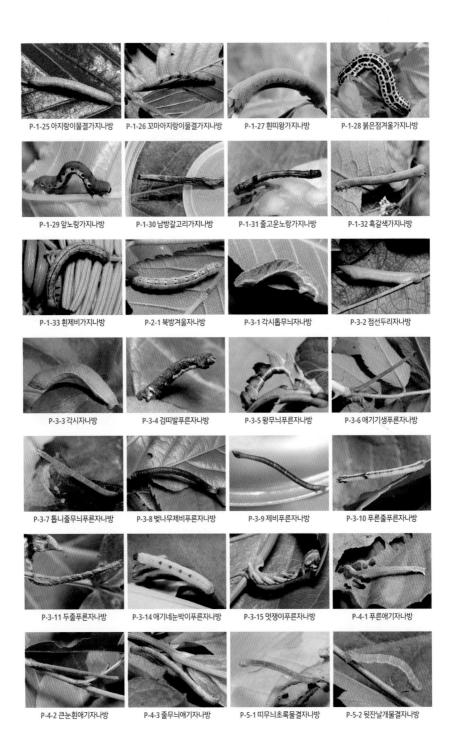

P-1-25 아지랑이물결가지나방
P-1-26 꼬마아지랑이물결가지나방
P-1-27 흰띠왕가지나방
P-1-28 붉은점겨울가지나방

P-1-29 앞노랑가지나방
P-1-30 남방갈고리가지나방
P-1-31 줄고운노랑가지나방
P-1-32 흑갈색가지나방

P-1-33 흰제비가지나방
P-2-1 북방겨울자나방
P-3-1 각시톱무늬자나방
P-3-2 점선두리자나방

P-3-3 각시자나방
P-3-4 검띠발푸른자나방
P-3-5 왕무늬푸른자나방
P-3-6 애기기생푸른자나방

P-3-7 톱니줄무늬푸른자나방
P-3-8 벚나무제비푸른자나방
P-3-9 제비푸른자나방
P-3-10 푸른줄푸른자나방

P-3-11 두줄푸른자나방
P-3-14 애기네눈박이푸른자나방
P-3-15 멋쟁이푸른자나방
P-4-1 푸른애기자나방

P-4-2 큰눈흰애기자나방
P-4-3 줄무늬애기자나방
P-5-1 띠무늬초록물결자나방
P-5-2 뒷잔날개물결자나방

P-5-3 밑점무늬잔날개물결자나방	P-5-4 쌍검은띠잔날개물결자나방	P-5-5 뒷흰얼룩물결자나방	P-5-6 푸른물결자나방
P-5-7 얼룩물결자나방	P-5-8 긴날개꼬마물결자나방	P-5-9 끝뾰족점물결자나방	P-5-11 큰담흑물결자나방
P-5-12 흰그물물결자나방	P-5-13 노랑그물물결자나방	P-5-14 애기잔물결자나방	P-5-15 굵은외횡선물결자나방
P-5-16 쌍봉꼬마물결자나방	P-5-17 고운물결자나방	P-5-18 참나무애기물결자나방	P-5-19 고로쇠애기물결자나방

P-5-20 긴점애기물결자나방   P-5-21 쌍무늬물결자나방

b. 3배마디와 4배마디 다리가 퇴화했거나 작다.

| V-2-1 먹구름수염나방 | V-2-3 검은줄얼룩수염나방 (검은줄짤름나방) | V-2-4 흰점노랑잎수염나방 (앞점노랑짤름나방) | V-4-1 날개물결짤름나방 (날개물결무늬밤나방) |

V-4-2 흰줄짤름나방

V-4-3 세줄끝무늬짤름나방

V-7-1 붉은갈고리큰나방
(붉은갈고리밤나방)

V-7-2 은무늬갈고리큰나방
(은무늬갈고리밤나방)

V-9-4 남방쌍줄짤름나방(신칭)

V-10-1 남방점밤나방

V-10-2 왕흰줄태극나방

V-10-3 흰줄태극나방

V-10-4 큰갈색띠밤나방

V-10-5 무궁화무늬나방(무궁화밤나방)

V-11-1 태백무늬나방(태백밤나방)

Y-1-1 적색은무늬밤나방

Y-1-2 오이금무늬밤나방

Y-2-1 꼬마봉인밤나방

Y-2-2 꼬마쌍흰점밤나방
(쌍흰점꼬마밤나방)

Y-2-3 남방쌍무늬밤나방
(남방쌍무늬짤름나방)

Y-3-1 북방꼬마밤나방

c. 배다리가 4쌍이고 배 끝에는 돌기가 없다.

N-1 꼬마흰띠알락나방

O-2-1 멋쟁이뾰족날개나방

O-2-5 왕뾰족날개나방

Q-1 검은띠쌍꼬리나방

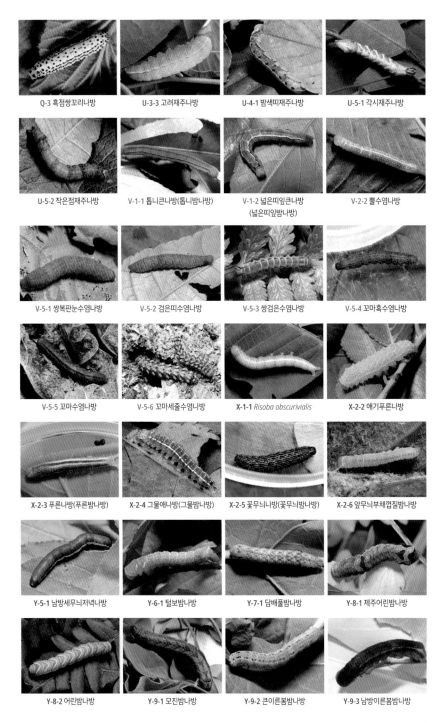

Q-3 흑점쌍꼬리나방
U-3-3 고려재주나방
U-4-1 밤색띠재주나방
U-5-1 각시재주나방

U-5-2 작은점재주나방
V-1-1 톱니큰나방(톱니밤나방)
V-1-2 넓은띠잎큰나방
(넓은띠잎밤나방)
V-2-2 뿔수염나방

V-5-1 쌍복판눈수염나방
V-5-2 검은띠수염나방
V-5-3 쌍검은수염나방
V-5-4 꼬마혹수염나방

V-5-5 꼬마수염나방
V-5-6 꼬마세줄수염나방
X-1-1 *Risoba obscurivialis*
X-2-2 애기푸른나방

X-2-3 푸른나방(푸른밤나방)
X-2-4 그물애나방(그물밤나방)
X-2-5 꽃무늬나방(꽃무늬밤나방)
X-2-6 앞무늬부채껍질밤나방

Y-5-1 남방세무늬저녁나방
Y-6-1 털보밤나방
Y-7-1 담배풀밤나방
Y-8-1 제주어린밤나방

Y-8-2 어린밤나방
Y-9-1 모진밤나방
Y-9-2 큰이른봄밤나방
Y-9-3 남방이른봄밤나방

19

Y-9-5 큰회색밤나방   Y-9-6 적갈색띠밤나방   Y-9-9 가시나무밤나방   Y-9-10 멧가시나무밤나방

Y-9-11 남방산무늬밤나방   Y-9-12 털수염밤나방   Y-9-13 남방날개점밤나방   Y-9-14 선녀밤나방

Y-9-15 깨소금띠밤나방   Y-9-16 썩은밤나방   Y-9-17 남방보라무늬밤나방   Y-9-18 거세미나방

d. 배다리가 4쌍이고 배 끝에 돌기나 긴 가시가 있다.

0-1-1 황줄갈고리나방   0-1-2 밤색갈고리나방   0-1-4 얼룩갈고리나방   0-1-5 남방흰갈고리나방

0-1-6 큰갈고리나방   0-1-7 멋쟁이갈고리나방   0-2-6 흰오뚜기무늬뾰족날개나방   S-1-1 누에나방

T-1-1 박각시   T-1-2 쥐박각시   T-1-3 갈고리박각시   T-1-4 작은등줄박각시

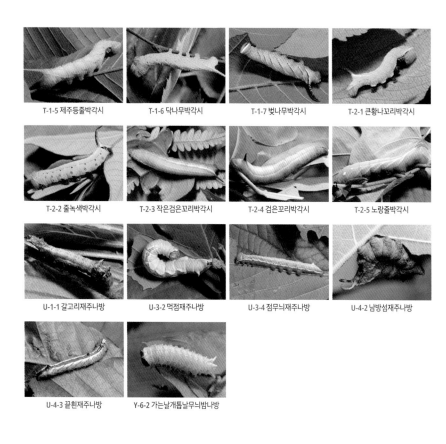

T-1-5 제주등줄박각시 T-1-6 닥나무박각시 T-1-7 벚나무박각시 T-2-1 큰황나꼬리박각시

T-2-2 줄녹색박각시 T-2-3 작은검은꼬리박각시 T-2-4 검은꼬리박각시 T-2-5 노랑줄박각시

U-1-1 갈고리재주나방 U-3-2 먹점재주나방 U-3-4 점무늬재주나방 U-4-2 남방섬재주나방

U-4-3 끝흰재주나방 Y-6-2 가는날개톱날무늬밤나방

e. 배다리가 4쌍이고 육질 돌기가 있다.

O-1-3 남방노랑갈고리나방 S-2-1 산왕물결나방 S-3-1 옥색긴꼬리산누에나방 U-2-1 은재주나방

U-3-1 밑노랑재주나방

2) 털이 많거나 센 털이 있다.

R-1 사과나무나방

V-3-1 점흰독나방

V-3-2 삼나무독나방

V-3-3 붉은수염독나방

V-3-4 꼬마독나방

V-3-5 노랑독나방

V-3-6 큰흰띠독나방

V-6-1 붉은줄불나방

V-6-2 금빛노랑불나방

V-6-3 넉점박이불나방

V-6-4 목도리불나방

V-6-5 민무늬알락노랑불나방

V-6-6 알락노랑불나방

V-6-7 꼬마줄점불나방

V-6-8 외줄점불나방

X-2-1 검은띠애나방

Y-4-1 배노랑버짐나방

Y-4-2 북방배노랑버짐나방

Y-4-3 털보버짐나방

Y-5-2 흰무늬애저녁나방

Y-5-3 점줄저녁나방

Y-5-4 흰배저녁나방

Y-5-5 오리나무저녁나방

Y-5-6 굵은무늬저녁나방

Y-5-7 꼬마저녁나방

3) 털받침에 짧은 방사형 털 다발이 있다(대개 크기가 작다).

J-2-1 메꽃털날개나방

J-2-2 긴털날개나방

J-2-3 파털날개나방

N-2 실줄알락나방

N-3 포도유리날개알락나방

N-4 장미알락나방

X-3-1 맵시혹나방

X-3-2 깊은산혹나방

X-3-3 신선혹나방

X-3-4 닮은맵시혹나방

X-3-5 흰껍질혹나방(흰껍질밤나방)

a. 잎을 접거나, 여러 장을 붙이거나 또는 원통형으로 만 것

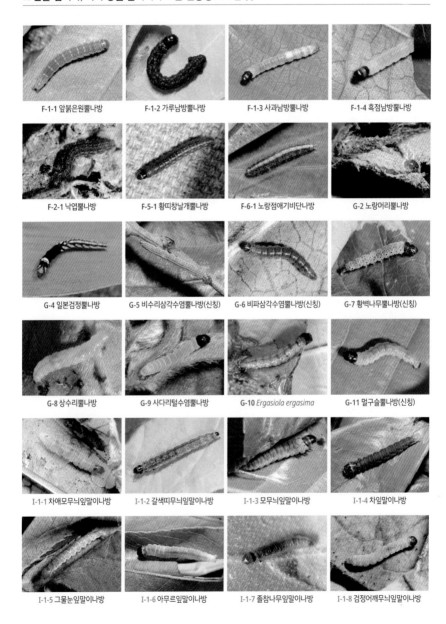

F-1-1 앞붉은원뿔나방

F-1-2 가루남방뿔나방

F-1-3 사과남방뿔나방

F-1-4 흑점남방뿔나방

F-2-1 낙엽뿔나방

F-5-1 황띠창날개뿔나방

F-6-1 노랑점애기비단나방

G-2 노랑머리뿔나방

G-4 일본검정뿔나방

G-5 비수리삼각수염뿔나방(신칭)

G-6 비파삼각수염뿔나방(신칭)

G-7 황벽나무뿔나방(신칭)

G-8 상수리뿔나방

G-9 사다리털수염뿔나방

G-10 *Ergasiola ergasima*

G-11 멀구슬뿔나방(신칭)

I-1-1 차애모무늬잎말이나방

I-1-2 갈색띠무늬잎말이나방

I-1-3 모무늬잎말이나방

I-1-4 차잎말이나방

I-1-5 그물눈잎말이나방

I-1-6 아무르잎말이나방

I-1-7 졸참나무잎말이나방

I-1-8 검정어깨무늬잎말이나방

I-1-9 센달나무잎말이나방

I-2-1 괴불애기잎말이나방

I-2-2 신갈큰애기잎말이나방

I-2-3 가새목애기잎말이나방

I-2-4 가로줄애기잎말이나방

I-2-5 다갈색흰점애기잎말이나방
(가칭)

I-2-6 흰빛점애기잎말이나방

I-2-7 갈색잔물결애기잎말이나방

I-2-8 후피향나무애기잎말이나방

I-2-9 개암나무애기잎말이나방

I-2-10 아룽애기잎말이나방

I-2-11 검정애기잎말이나방

I-2-13 회갈무늬애기잎말이나방

I-2-14 풀색애기잎말이나방

I-2-16 어리팥나방

J-1-1 자귀뭉뚝날개나방

L-3-1 흰빛줄알락명나방

L-3-2 검은점알락명나방

L-3-3 황색띠알락명나방

L-3-4 애기솔알락명나방

L-3-5 앞붉은명나방

L-3-6 주황점알락명나방

L-3-7 긴수염알락명나방

L-4-2 밑검은집명나방

L-4-3 애기검은집명나방

L-4-4 흰날개큰집명나방

M-1-1 배추순나방

M-2-1 홀씨무늬들명나방

M-2-2 각시뾰족들명나방 · M-2-5 작은복숭아명나방 · M-2-6 목화바둑명나방 · M-2-7 띠무늬들명나방

M-2-8 네눈흰색들명나방 · M-2-9 줄노랑들명나방 · M-2-10 큰노랑들명나방 · M-2-12 구름무늬들명나방

M-2-13 줄허리들명나방 · M-2-14 점붙이들명나방 · M-2-15 앞흰무늬들명나방 · M-2-16 뒤흰들명나방

O-2-2 앞흰뾰족날개나방 · O-2-3 넓은뾰족날개나방 · O-2-4 좁은뾰족날개나방 · O-2-7 점박이뾰족날개나방

P-5-10 담흑물결자나방

Q-2 남도쌍꼬리나방

Y-9-4 세점무지개밤나방

Y-9-7 먹구름띠밤나방

Y-9-8 완도밤나방

b. 작은 잎 조각이나 나무껍질 조각 또는 지의류를 붙여 집을 짓거나 몸에 붙인 것

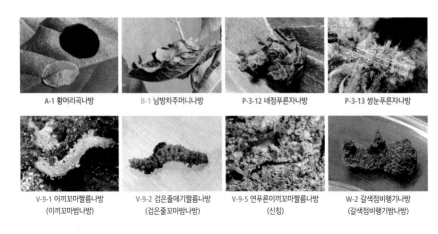

A-1 황머리곡나방

B-1 남방차주머니나방

P-3-12 네점푸른자나방

P-3-13 쌍눈푸른자나방

V-9-1 이끼꼬마짤름나방
(이끼꼬마밤나방)

V-9-2 검은줄애기꼬마짤름나방
(검은줄꼬마밤나방)

V-9-5 연푸른이끼꼬마짤름나방
(신칭)

W-2 갈색점비행기나방
(갈색점비행기밤나방)

c. 실로 잎 여러 장을 붙여 텐트 모양으로 만든 것

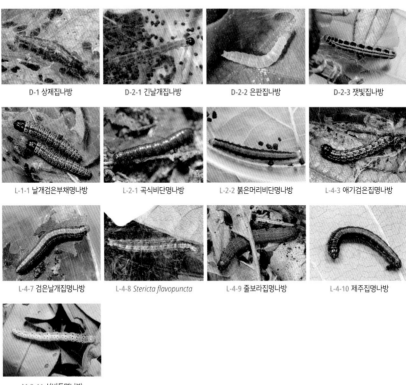

D-1 상제집나방

D-2-1 긴날개집나방

D-2-2 은판집나방

D-2-3 잿빛집나방

L-1-1 날개검은부채명나방

L-2-1 곡식비단명나방

L-2-2 붉은머리비단명나방

L-4-3 애기검은집명나방

L-4-7 검은날개집명나방

L-4-8 Stericta flavopuncta

L-4-9 줄보라집명나방

L-4-10 제주집명나방

M-2-11 선비들명나방

27

d. 잎을 약간 오므라트려 실을 많이 치고 그 아래에 있는 것

L-3-8 *Salebriopsis monotonella*

L-4-1 두줄집명나방

L-4-5 쌍줄집명나방

L-4-6 흰날개집명나방

M-2-18 *Sinibotys butleri*

e. 잎이나 줄기 속에 있는 것

C-2-1 포플라가는나방

C-2-2 때죽나무가는나방

E-1 쐐기풀굴나방(가칭)

E-2 복숭아굴나방

F-4-1 *Epimarptis hiranoi*

F-7-1 배혹뿔나방

G-1 사각빗줄뿔나방

G-12 배풍등뿔나방(신칭)

H-1 알락굴벌레나방

I-2-12 산딸기애기잎말이나방

I-2-17 굴피애기잎말이나방(가칭)

J-2-4 망초털날개나방

f. 꽃봉오리나 열매 속에 있는 것

F-3-1 열매꼭지나방

G-3 마디풀뿔나방

I-2-15 밤애기잎말이나방

M-2-3 은빛들명나방

M-2-4 복숭아명나방

g. 잎을 깔때기 모양으로 만 것

C-1-3 사람주나무가는나방(가칭)

K-1 넓은띠상수리창나방

M-2-17 얼룩들명나방

h. 잎을 조금 접어 붙이거나 삼각뿔 모양으로 붙인 것

C-1-1 팽나무가는나방(가칭)

C-1-2 남오미자가는나방(가칭)

C-1-4 동백가는나방

C-1-5 사과잎가는나방

29

먹이식물로 찾기

먹이로 삼는 식물 범위에 따라 3가지로 나눈다.

- **단식성(Monophagy)** 먹이식물이 한 종이거나 또는 같은 속의 종만을 먹는 경우
- **협식성(Oligophagy)** 먹이식물이 같은 과의 여러 속에 한정된 경우. 또는 드물게 과는 다르나 어떤 화학 성분이 같은 식물이면 먹기도 하므로, 먹이식물이 두 과 정도에 걸쳐 나타나는 경우
- **광식성(Polyphagy)** 먹이식물이 여러 과에 걸친 경우

식물 과명	식물 종명	단식성	협식성	광식성
가래나무과 Juglandaceae	가래나무	• 남방섬재주나방 • *Risoba obscurivialis* • 흰껍질흑나방 (흰껍질밤나방)	• *Salebriopsis monotonella* • 각시톱무늬자나방 • 벚나무박각시무궁화무늬나방(무궁화밤나방) • 그물애나방 (그물밤나방)	• 사과남방뿔나방 • 맵시혹나방
	굴피나무	• *Stericta flavopuncta* • 쌍봉꼬마물결자나방 • 굴피애기잎말이나방 (가칭)	• 사각빗줄뿔나방 • 꼬마봉인밤나방	
가지과 Solanaceae	배풍등	• 배풍등뿔나방(신칭)	*Ergasiola ergasima*	
갈매나무과 Rhamnaceae	헛개나무	• 끝회색붉은가지나방		
	갈매나무	• 담흑물결자나방		
	짝자래나무		• 큰담흑물결자나방	
	까마귀베개	• 남방세무늬저녁나방		
감나무과 Ebenaceae	고욤나무	• 큰알락흰가지나방 • 가을뒷노링근나방 (가을뒷노랑밤나방)		
감탕나무과 Aquifollaceae	대팻집나무	• 두줄갈고리가지나방		
	호랑가시나무	• 앞노랑가지나방		• 열매꼭지나방
	감탕나무	• 흰줄갈고리가지나방		
	꽝꽝나무	• 앞노랑뾰족가지나방 • 검은톱니가지나방		

식물 과명	식물 종명	단식성	협식성	광식성
국화과 Compositae	산씀바귀		• 적색은무늬밤나방	
	등골나물		• 각시뾰족들명나방	• 줄무늬애기자나방
	담배풀		• 담배풀밤나방	
	돼지풀		• 망초털날개나방	
꼭두서니과 Rubiaceae	계요등	• 얼룩들명나방 • 쌍무늬물결자나방		
	꼭두서니	• 뒤흰들명나방 • 작은검은꼬리박각시		
	치자나무		• 줄녹색박각시	• 외줄점불나방
꿀풀과 Labiatae	배초향		• 긴털날개나방	
나도밤나무과 Sabiaceae	나도밤나무	• 제주등줄박각시 • 검은띠애나방 • 뿔수염나방 • 회갈무늬애기잎말이 나방		
	합다리나무	• 날개물결짤름나방 (날개물결무늬밤나방)		
노린재나무과 Symplocaceae	검노린재나무	• 꼬마흰띠알락나방 • 고려재주나방		
노박덩굴과 Celastraceae	노박덩굴		• 검은점알락명나방 • 구름가지나방	
	푼지나무	• 붉은점겨울가지나방		
	사철나무			• 애기네눈박이푸른자 나방
	회잎나무	• 긴날개집나방 • 잿빛집나방		
	나래회나무	• 먹줄귤빛가지나방		
녹나무과 Lauraceae	감태나무	• 알락흰가지나방 • 흰빛점애기잎말이나방		
	비목나무	• 참물결가지나방 • 흰띠왕가지나방 • 각시자나방		• 갈색잔물결애기잎말 이나방
	후박나무		• 남방점밤나방	
	센달나무			• 센달나무잎말이나방

식물 과명	식물 종명	단식성	협식성	광식성
느릅나무과 Ulmaceae	느티나무	• 밤색띠재주나방	• 구름무늬들명나방 • 북방꼬마밤나방 • 점줄저녁나방 • 가는날개톱날무늬밤 나방	• 밑검은집명나방 • 노랑독나방
	팽나무	• 세점무지개밤나방 • 팽나무가는나방(가칭)	• 점무늬재주나방	
	시무나무		• 애기푸른나방	
	푸조나무	• 남방쌍줄짤름나방(신칭)		
다래나무과 Actinidiaceae	다래	• 노랑그물물결자나방		
	개다래	• 앞흰무늬들명나방		
단풍나무과 Aceraceae	고로쇠나무	• 갈색점비행기나방 (갈색점비행기밤나방)		• 띠무늬초록물결자 나방
	당단풍		• 흰무늬집명나방붙이	• 흰날개큰집명나방
대극과 Euphorbiaceae	광대싸리	• 흑갈색가지나방		
	사람주나무	• 사람주나무가는나방(가칭)		
	굴거리	• 큰갈고리나방 • 검은꼬리박각시 • 남도쌍꼬리나방		
두릅나무과 Araliaceae	두릅나무	• 얼룩물결자나방		
때죽나무과 Styracaceae	때죽나무	• 검은날개집명나방 • 끝짤름노랑가지나방 • 때죽나무가는나방 • 아롱애기잎말이나방		
마과 Dioscoreaceae	마	• 노랑줄박각시		
마디풀과 Polygonaceae	소리쟁이			• 큰이른봄밤나방
마편초과 Verbenaceae	누리장나무			• 흑점남방뿔나방
멀구슬나무과 Meliaceae	멀구슬나무	• 멀구슬뿔나방(신칭) • 굵은줄가지나방		
명아주과 Chenopodiaceae	명아주	• 노랑점애기비단나방		
메꽃과 Convolvulaceae	고구마			• 박각시
	메꽃		• 메꽃털날개나방	
목련과 Magnoliaceae	목련			• 제주집명나방
	함박꽃나무	• 밑검은가지나방 • 점선두리자나방 • 흰점가지나방 • 쥐박각시		

식물 과명	식물 종명	단식성	협식성	광식성
물푸레나무과 Oleaceae	물푸레나무	• 흰줄짤름나방		• 알락굴벌레나방
	쥐똥나무		• 산왕물결나방 • 큰눈흰애기자나방 • 선비들명나방	
	광나무		• 굵은무늬저녁나방	
미나리아제비과 Ranunculaceae	사위질빵			• 끝뾰족점물결자나방
박과 Cucurbitaceae	호박			• 목화바둑명나방
방기과 Menispermaceae	댕댕이덩굴	• 은무늬갈고리큰나방 (은무늬갈고리밤나방) • 붉은갈고리큰나방 (붉은갈고리밤나방)		• 차애모무늬잎말이 나방
백합과 Liliaceae	청미래덩굴	• 긴날개꼬마물결자나방 • 왕흰줄태극나방 • 흰줄태극나방		
버드나무과 Salicaceae	갯버들	• 아무르잎말이나방 • 왕무늬푸른자나방		• 남방갈고리가지나방 • 긴점애기물결자나방
	버드나무		• 톱니큰나방 (톱니밤나방)	• 그늘가지나방
	은사시나무	• 포플라가는나방	• 작은점재주나방 • 애기재주나방	
	사시나무	• 점붙이들명나방 • 앞흰뾰족날개나방		
범의귀과 Saxifragaceae	고광나무	• 낙엽뿔나방		• 알락굴벌레나방
벼과 Gramineae	해장죽		• 줄노랑들명나방	
	솜대	• Sinibotys butleri	• 줄허리들명나방	
	조개풀		• 일본검정뿔나방	
벽오동과 Sterculiaceae	수까치깨	• 남방쌍무늬밤나방 (남방쌍무늬짤름나방)		
보리수나무과 Elaeagnaceae	보리수나무	• 흰배저녁나방 • 괴불애기잎말이나방		
	보리밥나무	• 회색무늬가지나방		
봉선화과 Balsaminaceae	물봉선	• 네눈흰색들명나방		
부처꽃과 Lythraceae	배롱나무			• 꼬마독나방
뽕나무과 Moraceae	닥나무	• 닥나무박각시	• 띠무늬들명나방	
	뽕나무	• 누에나방		
	천선과나무		• 은빛들명나방	

식물 과명	식물 종명	단식성	협식성	광식성
비름과 Amaranthaceae	쇠무릎	• 꼬마쌍흰점밤나방(쌍흰점 꼬마밤나방)		
석죽과 Caryophyllaceae	별꽃		• 마디풀뿔나방	
소나무과 Pinaceae	소나무	• 애기솔알락명나방 • 작은복숭아명나방	• 삼나무독나방	
십자화과 Cruciferae	배추		• 배추순나방	• 거세미나방
쐐기풀과 Urticaceae	좀깨잎나무	• 먹구름수염나방		
	개모시풀	• 쐐기풀굴나방(가칭)		
오미자과 Schizanbraceae	남오미자	• 남오미자가는나방(가칭)		
	오미자	• 붉은머리비단명나방		
옻나무과 Anacardiaceae	붉나무	• 쌍줄집명나방 • 흰날개집명나방		
운향과 Rutaceae	황벽나무	• 황벽나무뿔나방(신칭)		
으름덩굴과 Lardizabalaceae	으름덩굴	• 날개검은부채명나방 • 흰그물물결자나방		
인동과 Caprifoliaceae	병꽃나무		• 큰황나꼬리박각시	• 밑점무늬잔날개물결 자나방 • 그물눈잎말이나방
	덜꿩나무	• 멋쟁이갈고리나방 • 세줄끝무늬짤름나방		• 졸참나무잎말이나방
	가막살나무	• 풀색애기잎말이나방 • 흑점쌍꼬리나방		
자작나무과 Betulaceae	개암나무		• 황색띠알락명나방	
	물박달나무	• 점박이뾰족날개나방		
	물오리나무	• 큰회색밤나방	• 밤색갈고리나방 • 줄흰가지나방 • 아지랑이물결가지나방 • 오리나무저녁나방 • 밑노랑재주나방	
	서어나무	• 갈고리박각시	• 큰흰띠독나방	
	개서어나무	• 두줄집명나방 • 굵은외횡선물결자나방 • 꼬마저녁나방	• 황색띠알락명나방 • 개임니무애기잎말이 나방 • 꼬마아지랑이물결가지 나방	• 고운물결자나방 • 사과나무나방
	새우나무			• 쌍눈푸른자나방

식물 과명	식물 종명	단식성	협식성	광식성
장미과 Rosaceae	국수나무			• *Bambalina* sp. • 긴점애기물결자나방 • 사과저녁나방
	산개벚지나무		• 복숭아굴나방	
	매실나무		• 귀룽큰애기잎말이나방	• 배노랑버짐나방
	벚나무		• 벚나무제비푸른자나방	• 북방겨울자나방 • 꼬마줄점불나방
	산딸기			• 영실회색가지나방
	복분자딸기			• 뒷잔날개물결자나방
	수리딸기	• 산딸기애기잎말이나방		• 두줄푸른자나방
	찔레		• 애기기생푸른자나방 • 장미알락나방	
	홍가시나무		• 사과잎가는나방	
	다정큼나무		• 비파삼각수염뿔나방 (신칭)	
	콩배나무	• 배혹뿔나방		
조록나무과 Hamamelidaceae	히어리	• 닮은맵시혹나방		
	미국풍나무		• 작은비행기나방 (작은비행기밤나방)	
주목과 Taxaceae	개비자나무		• 흰제비가지나방	
진달래과 Ericaceae	진달래	• 작은남방알락명나방		• 네점푸른자나방
	철쭉			• 갈색띠무늬잎말이나방 • 홀씨무늬들명나방 • 북방배노랑버짐나방
	정금나무		• 상제집나방	• 검정어깨무늬잎말이나방 • 검은띠쌍꼬리나방
차나무과 Theaceae	사스레피나무	• 가새목애기잎말이나방		
	노각나무		• 노랑줄흰가지나방	
	동백나무	• 동백가는나방 • 가는줄흰가지나방		• 남방이른봄밤나방
	후피향나무	• 후피향나무애기잎말이나방		

식물 과명	식물 종명	단식성	협식성	광식성
참나무과 Fagaceae	굴참나무	• 속검은혹나방 • 신선혹나방	• 연푸른가지나방	
	떡갈나무	• 노랑머리뿔나방	• 점흰독나방	
	신갈나무	• 멋쟁이뾰족날개나방 • 검은줄얼룩수염나방(검은 줄짤름나방)	• 먹구름띠밤나방 • 좁은날개애기잎말이 나방	• *Epimarptis hiranoi* • 털보밤나방 • 선녀밤나방
	갈참나무	• 긴털주머니뿔나방 • 얼룩무늬뿔나방 • 상수리뿔나방 • 뒷흰얼룩물결자나방 • 꽃무늬나방 (꽃무늬밤나방)	• 큰쌍줄푸른나방 • 은재주나방	• 가루남방뿔나방 • 두줄애기푸른자나방 • 흰빗줄알락명나방 • 북방겨울나방 • 고로쇠애기물결자 나방
	졸참나무	• 넓은뾰족날개나방 • 좁은뾰족날개나방 • 흰무늬애저녁나방 • 흰점노랑잎수염나방 (앞점노랑짤름나방)	• 황머리곡나방 • 신갈큰애기잎말이나방 • 황줄갈고리나방 • 상제독나방 • 구름애기가지나방 • 털수염밤나방 • 붉은수염독나방 • 남방산무늬밤나방 • 먹점재주나방 • 털보버짐나방	• 차잎말이나방 • 푸른줄푸른자나방 • 깊은산호나방 • 남방산무늬밤나방 • 줄고운노랑가지나방 • 세줄날개가지나방
	붉가시나무	• 앞무늬부채껍질밤나방 • 황띠창날개뿔나방 • 다갈색흰점애기잎말이 나방(가칭) • 넓은띠상수리창나방 • 푸른나방(푸른밤나방) • 적갈색띠밤나방 • 가시나무밤나방 • 완도밤나방 • 멧가시나무밤나방 • 남방날개점밤나방 • 흰오뚜기무늬뾰족날개나방	• 은판집나방 • 가로줄애기잎말이나방 • 제비푸른자나방 • 멋쟁이푸른자나방 • 쌍검은띠잔날개물결자 나방	• 톱니줄무늬푸른자 나방 • 깨소금띠밤나방
	종가시나무	• 참나무애기물결자나방 • 넓은띠잎큰나방 (넓은띠잎밤나방)	• 남방노랑갈고리나방	
	가시나무		• 멋쟁이푸른자나방	• 남방보라무늬밤나방
	밤나무	• 밤애기잎말이나방	• 끝흰재주나방	• 복숭아명나방 • 남방차주머니나방 • 모무늬잎말이나방 • 옥색긴꼬리산누에 나방

식물 과명	식물 종명	단식성	협식성	광식성
층층나무 Cornaceae	층층나무	• 애기검은집명나방		
	말채나무	• 얼룩갈고리나방		
	산딸나무	• 남방흰갈고리나방 • 왕뾰족날개나방		
콩과 Leguminosae	싸리	• 앞붉은원뿔나방 • 비수리삼각수염뿔나방 (신칭) • 사다리털수염뿔나방 • 앞붉은명나방 • 각시재주나방	• 어리팥나방	• 연회색가지나방
	조록싸리			• 모진밤나방
	칡	• 갈고리재주나방 • 태백무늬나방(태백밤나방)		
	자귀나무	• 자귀뭉뚝날개나방 • 긴수염알락명나방 • 앞점무늬짤름나방 • 큰갈색띠밤나방	• 네무늬가지나방	
	여우팥	• 주황점알락명나방		
	아까시나무			• 흰무늬노랑가지나방
포도과 Vitaceae	왕머루		• 실줄알락나방 • 포도유리날개알락나방	• 푸른물결자나방
	담쟁이덩굴	• 애기잔물결자나방		
피나무과 Tiliaceae	장구밥나무			• 푸른애기자나방
	피나무	• 작은등줄박각시		
현삼과 Scrophulariaceae	나도송이풀			• 파털날개나방
	참오동나무		• 큰노랑들명나방	• 오이금무늬밤나방
협죽도과 Apocynaceaae	마삭줄	• 검띠발푸른자나방		
시든 잎 Withered leaves				• 낙엽뿔나방 • 쌍복판눈수염나방 • 검은띠수염나방 • 꼬마혹수염나방 • 곡식비단명나방 • 꼬마수염나방 • 줄보라집명나방
선태류(이끼) Bryophytes		• 꼬마세줄수염나방 • 금빛노랑불나방 • 넉점박이불나방 • 붉은줄불나방		

식물 과명	식물 종명	단식성	협식성	광식성
지의류 Lichens		• 알락노랑불나방 • 목도리불나방 • 연푸른이끼꼬마짤름나방 (신칭) • 검은줄애기짤름나방 (검은줄꼬마밤나방) • 이끼꼬마짤름나방 (이끼꼬마밤나방) • 민무늬알락노랑불나방		
양치류 Pteropsida		• 쌍검은수염나방	• 어린밤나방	
실고사리과 Schizaeaceae	실고사리	• 제주어린밤나방		

<참고>

• 저자가 본 것과 기존 기록을 참조해 작성했으므로 앞으로 먹이식물이 더 발견되면 단식성은 협식성으로, 협식성은 광식성으로 옮겨 갈 가능성이 충분하다.

• 단식성이나 협식성은 대표 먹이식물 한 가지에만 기록했으므로 유충을 찾을 때 참고하기 바란다. 예를 들면 붉나무(옻나무과)에서 유충을 봤으나 붉나무에 기록이 없으면 같은 과의 개옻나무나 옻나무에서 찾아본다.

• 광식성은 저자가 주로 본 식물 한두 가지에만 기록했기에 표에 없는 식물에서도 유충이 발견될 가능성이 크다. 하지만 광식성이어도 유충이 특히 더 좋아하는 식물이 있으므로 표의 내용을 참조하면 도움이 될 것이다.

유충과 성충

A-1 **황머리곡나방** *Vespina nielseni*

먹이식물: 밤나무(*Castanea crenata*), 졸참나무(*Quercus serrata*) 등 참나무류

> **유충시기:** 7~9월 **유충길이:** (집 길이) 긴지름 7~8mm, 짧은지름 5~6mm
> **우화시기:** 11월, 이듬해 3월 **날개길이:** 7mm **채집장소:** 보성 제석산, 남양주 천마산

유충 머리는 갈색이며 작다. 앞가슴 양쪽에 검은 점이 있으며, 몸은 미색이다. 잎을 잘라 긴 타원형 집을
짓고 그 안에 땅콩 모양 방을 내며, 집을 다시 나뭇잎에 붙이고 숨어 지낸다. 먹을 때는 땅콩 모양 방에
서 나와 집을 붙인 나뭇잎의 한쪽 면을 집 크기만큼만 먹는다. 그런 다음 이동해 다시 나뭇잎에 집을 붙
이고 먹으므로 유충이 먹은 나뭇잎에는 타원형 흔적이 남는다. 똥은 집 바깥쪽으로 밀어낸다. 집 속에서
번데기가 된다. 성충 날개는 검은 비늘로 덮였고 머리는 노란색 털로 덮였다. 1년에 2회 발생하는 것으
로 보인다.

잎을 둥글게 잘라
나뭇잎에 붙인 집

집 안쪽 방

유충이 잎을 먹은 흔적

유충

우화하고 남은 탈피각

성충

표본

B-1 **남방차주머니나방** *Eumeta variegata*

먹이식물: 배롱나무(*Lagerstroemia indica*), 사철나무(*Euonymus japonica*), 밤나무(*Castanea crenata*) 등 여러 식물

| 유충시기: 8월~이듬해 4월 유충길이: 22~25mm
| 우화시기: 6월 날개길이: 35mm 채집장소: 광양 백운산, 보성 제석산

유충 머리는 가슴 쪽으로 들어가 있어서 잘 보이지 않는다. 가슴은 미색에 적갈색 무늬가 있으며, 배는 검은색이다. 여러 활엽수의 잎을 잘라 붙여 아주 질기고 두꺼운 집(주머니)을 지으며, 집 길이는 45~60mm이다. 유충으로 월동하고 봄에 번데기가 된다. 성충은 우리나라에 사는 주머니나방 종류 중 가장 크다. 수컷은 주둥이가 없으며, 날개는 흑갈색이나 전연과 후연은 황갈색이고, 날개 끝부분 가까이에 볼록렌즈 모양으로 투명한 부분이 있다. 암컷은 몸길이 25mm이며, 날개와 다리가 없고 머리도 아주 작다. 배 끝에 작고 뾰족한 돌기가 있으며, 주머니는 털 가루 같은 것으로 차 있다. 지역에 따라 대발생하기도 하고 기생을 당하기도 한다.

유충

집

파리가 기생한 흔적

수컷 성충

암컷 성충

수컷 표본

B-2 **국명 미정** *Bambalina* sp.

먹이식물: 벚나무 *Prunus serrulata* var. *spontanea*, 국수나무 *Stephanandra incisa* 등 여러 식물

유충시기: 8월~이듬해 4월　유충길이: 10~15mm

우화시기: 5월　날개길이: 20mm　채집장소: 장흥 천관산 동백숲, 해남 두륜산

노숙 유충 머리는 잘 보이지 않는다. 가슴은 희미한 흑갈색이며, 배는 미색이다. 항문판은 각이 지지 않은 삼각형으로 흑갈색이다. 집(주머니)은 작은 나무껍질 조각을 붙여서 짓고 표면이 매끈한 편이며, 길이는 20~25mm이다. 유충으로 월동하고 이른 봄에 조금 더 먹고 번데기가 된 뒤에 우화한다. 성충 수컷 날개는 흑갈색이다.

유충

집(주머니)　성충　표본

C-1-1 **팽나무가는나방(가칭)** *Caloptilia celtidis*

먹이식물: 팽나무(*Celtis sinensis*)

> 유충시기: 7월(여름형), 9월(가을형) 유충길이: 6mm
> 우화시기: 8월, 9월 날개길이: 9~10.5mm 채집장소: 순천 왕의산, 광양 서울대학술림

유충 머리는 살구색이며, 가슴과 배는 투명한 녹색이다. 팽나무 잎 끝을 원뿔 모양으로 접어 붙여 집을 짓고 그 속에서 바깥층을 남기고 잎을 먹는다. 똥도 집 속에 쌓아 둔다. 다 자라면 집에서 나와 잎 뒷면에 타원형으로 투명한 흰색 고치를 튼다. 여름형은 9일 정도, 가을형은 보름 지나 우화한다. 성충 여름형 앞날개 바탕은 갈색이며 전연 중간에 크고 삼각형인 금색 무늬가 있고 그 안에 전연을 따라 아주 작은 갈색 점이 있다. 가을형 앞날개 바탕은 갈색이고 전연에 크고 삼각형인 미색 무늬가 있다. 그 무늬 속에 다시 짙은 흑갈색 무늬가 있고 전연을 따라서는 아주 작은 갈색 점이 있다.

유충

잎을 만 모습

고치

성충 여름형

표본 여름형

표본 가을형

C-1-2 **남오미자가는나방(가칭)** *Caloptilia kadsurae*

먹이식물: 남오미자(*Kadsura japonica*)

유충시기: 6~7월, 9월 유충길이: 10mm
우화시기: 7월, 10월 날개길이: 11~12mm 채집장소: 완도수목원

유충은 남오미자 덩굴 줄기 끝의 어린잎을 삼각뿔 모양으로 접고 그 속에서 바깥층을 남기며 잎을 먹는다. 똥도 그 속에 붙여 놓는다. 다 자라면 바깥으로 나와 약간 붉은빛으로 반짝이는 타원형 고치를 틀고 번데기가 되며, 10일 정도 지나 우화한다. 성충 날개는 거의 검은색에 가깝고 전연에 희미한 황토색 무늬가 몇 개 있다. 1년에 여러 차례 발생하며, 기생을 당하는 일이 아주 많다.

잎을 만 모양

고치

성충

성충 표본

C-1-3 **사람주나무가는나방(가칭)** *Caloptilia sapiivora*

먹이식물: 사람주나무(*Sapium japonicum*)

유충시기: 9월   유충길이: 10mm
우화시기: 9월   날개길이: 12mm   채집장소: 순천 금전산

유충은 잎 가장자리를 길게 잘라 돌돌 말고 그 속에서 잎 한쪽 면을 먹고 지내다 번데기가 된다. 1주일 지나 우화한다. 성충 앞날개는 다갈색이고 기부에서 1/4, 1/2, 3/4 지점에 미색 사선이 있고 3/4 지점에 있는 사선은 후연에 닿지 않는다. 성충 뒷날개는 검은색이다.

유충

잎을 만 모양   성충   표본

C-1-4 **동백가는나방** *Caloptilia theivora*

먹이식물: 동백나무(*Camellia japonica*)

> 유충시기: 8~9월 유충길이: 10mm
> 우화시기: 9월 날개길이: 11~12mm 채집장소: 완도수목원

유충은 처음에는 잎 윗면과 아랫면 사이 잎살 속에서 살다가, 나중에는 잎 끝부분을 원뿔 모양으로 접은 다음 바깥층을 빼고 먹으며 지낸다. 똥도 그 속에 붙인다. 다 자라면 지내던 곳에서 나와 잎 뒷면에 실을 타원형으로 빽빽하게 치고 그 속에서 번데기가 된다. 이 실이 굳으면 반짝이는 왁스 같은 고치가 된다. 성충 앞날개 가운데에서 약간 기부 쪽으로 반원 모양 금색 무늬가 있고 그 무늬 안쪽 전연에 아주 작고 검은 점이 몇 개 있다. 1년에 여러 차례 발생하는 것으로 보인다.

유충

잎을 만 모습

고치

성충

표본

C-1-5 **사과잎가는나방** *Caloptilia zachrysa*

먹이식물: 홍가시나무(*Photinia glabra*) 등 장미과 식물

유충시기: 9월 유충길이: 6mm
우화시기: 10월 날개길이: 11~12.5mm 채집장소: 순천 왕의산

유충은 어린잎을 삼각뿔 모양으로 접고 그 속에서 잎 안쪽 면만 먹는다. 다 자라면 밖으로 나와 잎 주맥 근처에 흰 실을 긴 타원형으로 빽빽하게 치고 그 속에서 번데기가 된다. 이 실이 굳으면 반짝이는 왁스 같은 고치가 되며, 12일 뒤에 우화한다. 성충 앞날개는 자갈색이고 기부 1/5 지점에서 시정까지 황금색 무늬가 있으나, 이 무늬가 후연에 닿지는 않는다. 전연에는 아주 작은 자갈색 점이 있다.

잎을 붙인 모양

유충

고치

성충

성충

표본

C-2-1 **포플라가는나방** *Phyllonorycter pastorella*

먹이식물: 은사시나무(*Populus tomentiglandulosa*)

> 유충시기: 10월 유충길이: 5mm
> 우화시기: 10월 날개길이: 9mm 채집장소: 보성 제석산

유충이 들어가 사는 잎은 타원형으로 부푼다. 잎 속에서 바깥층을 남기고 잎살을 먹다가 번데기가 되며 1주일 지나 우화한다. 성충 머리 부분 털은 흰색이다. 앞날개는 흰 바탕에 흑갈색 선점이 흩어져 있고, 황갈색 꺾쇠 무늬가 있으며 그 둘레에 희미한 검은색 줄이 있다. 날개 끝 가까이 중간에 굵은 흑갈색 줄무늬가 있다.

유충이 들어 있어 부푼 잎

번데기

성충

표본

유충

C-2-2 **때죽나무가는나방** *Phyllonorycter styracis*

먹이식물: 때죽나무(*Styrax japonica*)

유충시기: 10월 유충길이: 6mm
우화시기: 10월 날개길이: 7~8mm 채집장소: 순천 왕의산

유충 머리는 갈색이고 삼각형이다. 가슴과 배는 미색이며, 배마디마다 작은 삼각형 갈색 무늬가 있다. 유충이 들어가 부푼 잎 속에서 바깥층을 남기고 잎살을 먹다가 번데기가 된다. 성충 앞날개는 약간 광택이 있으며, 적갈색이거나 황갈색인 개체도 있다. 기부 중간에서 2/5 지점까지 휘어진 흰색 줄이 있으며, 그 옆으로 검은색 테두리가 있는 흰색 꺾쇠 무늬가 2개 있다.

유충

유충이 들어 있어 부푼 잎

성충

표본

D-1 **상제집나방** *Saridoscelis kodamai*

먹이식물: 정금나무(*Vaccinium oldhami*)

유충시기: 7~8월 유충길이: 12mm
우화시기: 7~8월 날개길이: 12.5~13mm 채집장소: 광양 백운산휴양림, 순천 계족산

유충 머리는 황갈색, 가슴은 적자색이며, 배는 적황색이다. 잎과 잎 사이에 넓게 실을 치고 여러 마리가 무리 지어 살며 잎맥을 남기고 먹는다. 잎 뒤에 실을 얼기설기 치고 그 속에 흰 방추형 고치를 튼 뒤 번데 기가 되고, 8일 지나 우화한다. 성충 날개는 흰색이고, 갈색 긴 삼각 무늬가 2개 있다. 날개 끝은 창 모양으로 뾰족하다. 진달래과 식물을 먹는 것으로 알려졌다.

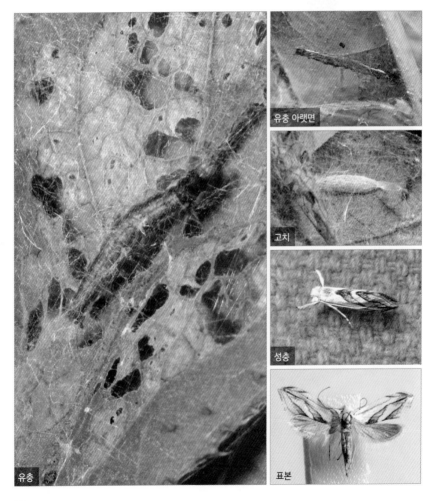

유충 아랫면

고치

성충

유충

표본

D-2-1 **긴날개집나방** *Euhyponomeutoides trachydeltus*

먹이식물: 회잎나무(*Euonymus alatus* for. *ciliato-dentatus*)

유충시기: 6월 유충길이: 20mm
우화시기: 7월 날개길이: 18~22mm 채집장소: 구례 송정마을

유충 머리는 몸에 비해 크고 검은색이며, 앞가슴도 검은색이다. 중령과 종령 유충은 생김새 변화가 별로
없다. 유충 수십 마리가 모여 실로 넓게 집을 짓고, 똥도 붙여 두어 아주 지저분하다. 잎을 붙이고 번데기
가 되며 20일 지나 우화한다. 성충 날개는 회색이고 전연 중간에 검은 역삼각 무늬가 있다.

종령 유충

유충

종령 탈피 전 유충

성충

표본

D-2-2 **은판집나방** *Thecobathra anas*

먹이식물: 붉가시나무(*Quercus acuta*)

유충시기: 5월　유충길이: 13~15mm
우화시기: 5월　날개길이: 22~25mm　채집장소: 완도수목원

유충 머리는 살구색이고, 가슴과 배는 백록색이며, 몸은 길다. 잎에 실을 막처럼 넓게 치고 지내며, 그 속에서 흰 방추형 고치를 틀어 번데기가 되며, 10일 지나 우화한다. 성충 앞날개는 흰색이고 갈색 선점이 조금 흩어져 있으며 날개 중간 후연 가까운 곳에는 선점이 더 많이 모여 흑갈색 줄무늬를 이룬다. 앞날개 끝부분은 둥글고 연모는 갈색이다. 참나무과 식물을 먹는 것으로 알려졌다.

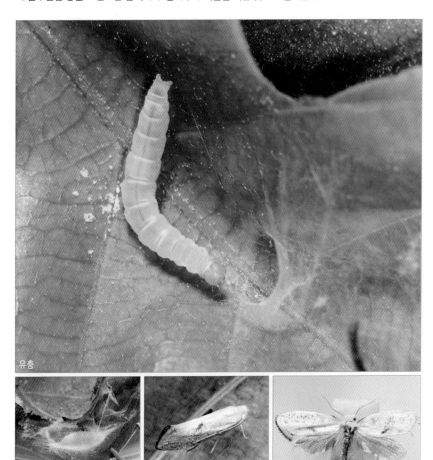

유충

고치

성충

표본

D-2-3 **잿빛집나방** *Yponomeuta anatolicus*

먹이식물: 회잎나무(*Euonymus alatus* for. *ciliato-dentatus*)

| 유충시기: 4월   유충길이: 15mm
| 우화시기: 5월   날개길이: 17mm   채집장소: 광주 용추계곡

유충 머리는 갈색이다. 앞가슴은 검고 흰색으로 둘렸으며, 가운데가 나뉘었다. 몸 윗면 중간에 검은 줄이 있고 가슴과 배마디마다 크고 검은 무늬가 하나씩 있다. 잎에 넓게 실을 쳐서 둥글게 만들고 그 속에 흰 방추형 고치를 튼 뒤 17일 지나 우화한다. 성충 날개는 짙은 회색이고 검은 점이 있다. 앞날개 앞쪽 끝부분에 있는 점이 작고 희미한 것을 근거로 동정했으나 유사종이 있어 생식기 검경이 필요하다.

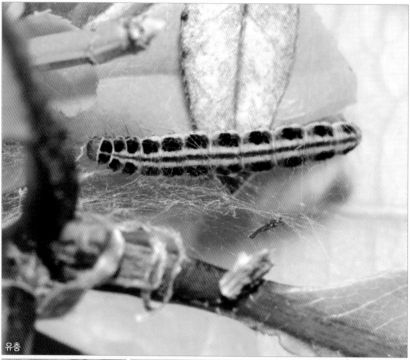
유충

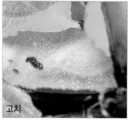
고치

성충

표본

E-1 **쐐기풀굴나방(가칭)** *Lyonetia boehmeriella*

먹이식물: 개모시풀(*Boehmeria platanifolia*)

| 유충시기: 10월　유충길이: 4mm
| 우화시기: 이듬해 4월　날개길이: 7~7.5mm　채집장소: 광주 짚봉

유충 머리는 미색이고 앞가슴은 흑갈색이다. 잎에서 유충이 들어가 지내는 부분은 부푼다. 부푼 잎 뒷면에 가느다란 실 같은 검은 똥들이 말려서 붙어 있다. 다 자라면 잎에서 나와 딱딱한 곳에 얼기설기 실을 치고 번데기가 된다. 번데기는 작은 콩깍지 모양인데 처음에는 녹색이나 나중에는 검은색으로 변한다. 성충 날개는 흑갈색이다. 날개 끝부분에 적갈색 무늬가 있고 그 끝에 둥글고 검은 무늬가 있으며 그 둘레는 투명하다. 연모는 길다.

유충

잎이 부푼 모양

잎 뒷면의 똥

번데기(가운데 것)

성충

표본

E-2 **복숭아굴나방** *Lyonetia clerkella*

먹이식물: 산개벚지나무(*prunus maximowiczii*)

유충시기: 10월 유충길이: 4mm

우화시기: 10월 날개길이: 6~7.5mm   채집장소: 순천 왕의산

유충은 잎 속에 좁은 굴을 파고 지낸다. 먹은 잎에는 가느다란 실 같은 흔적이 어지러이 있다. 다 자라면 잎 바깥으로 나와 실을 얼기설기 치고 얇은 고치를 튼 뒤에 긴 삼각형 번데기가 되고, 그로부터 1주일이면 우화한다. 성충의 흰색 날개 끝부분에 검은색으로 싸인 주황색 벌레 무늬가 있다. 장미과 식물을 먹는다.

유충이 들어 있는 잎

고치

성충

표본

F-1-1 **앞붉은원뿔나방** *Agonopterix yamatoensis*

먹이식물: 조록싸리(*Lespedeza maximowiczii*), 싸리(*Lespedeza bicolor*)

| 유충시기: 5월   유충길이: 14~15mm
| 우화시기: 5~6월   날개길이: 20.5~23mm   채집장소: 밀양 재약산, 가평 용추계곡, 광양 백운사길

유충 머리는 황갈색이고, 앞가슴은 연두색이며 양쪽에 검은 점이 있다. 몸은 연한 녹색이다. 들락거릴 수 있을 정도로 잎을 말아 그 속에 지내며 똥은 쏘아 버린다. 잎을 붙이고 번데기가 된 뒤 약 20일 지나면 우화한다. 성충 앞날개는 황갈색이고, 전연에 희미한 검은 무늬가 있으며, 날개 중간에 검은 삼각 무늬가 있다. 기부 쪽으로 작고 검은 점이 있다. 뒷날개는 회백색이다.

유충

유충

성충

표본

F-1-2 **가루남방뿔나방** *Scythropiodes hamatellus*

먹이식물: 때죽나무(*Styrax japonica*), 갈참나무(*Quercus aliena*)

유충시기: 4~5월   유충길이: 15mm
우화시기: 5월   날개길이: 19mm   채집장소: 광주 무등산 용추계곡

유충 머리와 앞가슴은 검은색이다. 몸은 흑자색이고 털받침 둘레는 연회색이다. 잎을 접어 붙이고 지낸다. 때죽나무에 있는 것을 채집했는데, 갈참나무 잎을 더 잘 먹었다. 잎을 붙여 번데기가 되고 10일 지나면 우화한다. 성충 앞날개에는 회갈색 선점이 퍼져 있으며, 중간에 있는 검은 점 3개가 삼각형을 이루고, 아외연선은 검은 점으로 둥글게 이어진다.

유충

성충

표본

F-1-3 **사과남방뿔나방** *Scythropiodes malivora*

먹이식물: 가래나무(*Albizzia julibrissin*)

유충시기: 5월 **유충길이:** 20mm

우화시기: 6월 **날개길이:** 23mm **채집장소:** 광양 서울대학술림

유충 머리는 흑갈색이고 앞가슴은 검은색이다. 들락거릴 수 있을 정도로 잎을 접어 붙이고 접은 쪽 앞으로 나와 잎을 먹는다. 잎을 잘라 접어 붙여 번데기가 되고 12일 지나면 우화한다. 성충 날개는 황갈색이고 양쪽 앞날개에 갈색 점이 2개씩 있다. 광식성으로 알려졌다. 국가생물종목록에는 국명이 없어 「경제곤충21」을 따랐다.

종령 유충

종령 유충이 잎을 붙인 모양

성충

표본

F-1-4 **흑점남방뿔나방** *Scythropiodes issikii*

먹이식물: 누리장나무(*Clerodendron trichotomum*)

> **유충시기:** 8월 **유충길이:** 16mm
> **우화시기:** 9월 **날개길이:** 20mm **채집장소:** 광양 백운산

유충 머리와 앞가슴은 검은색이고 몸은 미색이다. 들락거릴 수 있을 정도로 잎을 접고 양쪽으로 오가며 잎을 먹는다. 잎을 붙이고 번데기가 된다. 성충은 머리, 가슴, 날개가 모두 미회색이고, 가슴에 크고 검은 점이 있다. 앞날개 중앙에 크고 검은 점이 2개, 조금 떨어져서 작고 검은 점이 1개 있고, 아외연선과 외연선을 따라 작고 검은 점이 있다. 은날개남방뿔나방과 생김새가 아주 유사한데 흑점남방뿔나방 가슴에 크고 검은 점이 있는 것으로 구별한다. 1년에 2회 발생하며 광식성이다.

유충

성충

표본

F-2-1 **낙엽뿔나방** *Lecitholaxa thiodora*

먹이식물: 고광나무(*Philadelphus schrenckii*)의 시든 잎

> **유충시기:** 7월 **유충길이:** 10mm
> **우화시기:** 7월 **날개길이:** 13mm **채집장소:** 광주 용추계곡

유충 머리는 검은색이고 황갈색 털로 덮였다. 입 부분은 갈색이며 앞으로 튀어나왔고, 앞가슴은 검은색이다. 몸은 자주색이고, 검은색 바둑알 무늬가 있으며, 짧은 금빛 털로 덮였다. 시든 잎 속에서 그 잎을 먹다가 번데기가 되고 10일 정도 지나면 우화한다. 성충 더듬이는 흰색이고 몸길이보다 길다. 앞날개는 황갈색이며, 짙은 갈색 점무늬와 날개폭의 1/2정도 길이인 줄무늬가 있고, 외연에는 굵은 갈색 줄무늬가 있다.

유충

성충

F-3-1 **열매꼭지나방** *Stathmopoda auriferella*

먹이식물: 호랑가시나무(*Ilex cornuta*) 열매

유충시기: 8월 **유충길이:** 12mm
우화시기: 8월 **날개길이:** 11~12mm **채집장소:** 완도수목원

유충 머리, 앞가슴을 비롯해 온몸이 검은색이며, 몸은 가늘고 길다. 호랑가시나무 시든 꽃다발 속의 열매를 먹으며 여러 마리가 같이 지낸다. 열매 다발 속에서 번데기가 되고 10일 지나면 우화한다. 성충 앞날개 기부에서 1/3 지점까지는 노란색이며, 나머지는 갈색이다. 갈색 부분 전연 중간에 노란 삼각 무늬가 있다. 곳에 따라 대발생하기도 한다.

유충

유충이 들어 있는 열매 다발

성충

표본

F-4-1 **국명 없음** *Epimarptis hiranoi*

먹이식물: 밤나무(*Castanea crenata*), 벚나무(*Prunus serrulata* var. *spontanea*), 신갈나무(*Quercus mongolica*) 등 여러 활엽수

유충시기: 8~9월 **유충길이:** 5mm

우화시기: 이듬해 4~5월 **날개길이:** 10~11mm **채집장소:** 영동 천태산, 가평 천마산, 양평 비솔고개

유충 머리는 다갈색이며 앞가슴에는 주황색 띠와 다갈색 띠가 있다. 몸에는 연노란색과 황갈색 가로무늬가 번갈아 나타난다. 주로 잎 윗면과 아랫면 사이에 들어가 잎살을 먹고 지낸다. 유충이 들어 있는 잎은 왁스층이 희게 부풀고 똥이 그 위에 흩어져 있어서 잎에 얼룩무늬가 있는 것처럼 보인다. 위험을 느끼면 부푼 잎을 뚫고 잎 위나 밑으로 빠져 나간다. 다 자라면 미갈색 방추형 고치를 튼다. 성충 날개 기부 쪽은 밝은 노란색이고 바깥쪽은 짙은 노란색이다. 후연 중간에 흑갈색 삼각 무늬가 있고 외연에도 흑갈색 무늬가 있다.

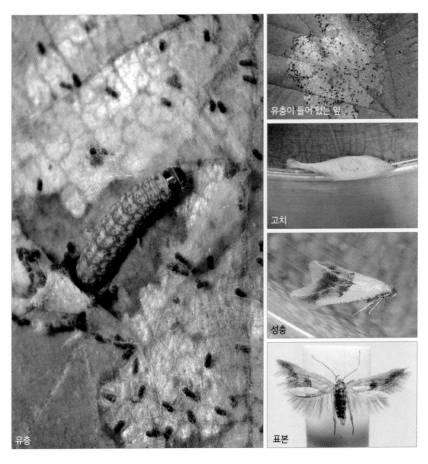

유충이 들어 있는 잎

고치

성충

유충

표본

F-5-1 **황띠창날개뿔나방** *Macrobathra quercea*

먹이식물: 붉가시나무(*Quercus acuta*)

유충시기: 5월 **유충길이:** 11mm
우화시기: 6월 **날개길이:** 16mm **채집장소:** 완도수목원

유충 머리는 적갈색, 앞가슴은 검은색이고 털받침은 흰색이다. 어린잎 수관을 잘라 시들게 한 뒤에 그 잎 속에 질긴 방을 짓고 지낸다. 잎에 있는 털을 남기고 먹어서 그 잎에는 누런 털만 남는다. 성충 앞날개는 흑갈색이고 전연에서 1/5 지점부터 1/2 지점까지 넓은 노란색 띠가 있고, 이 띠 속 전연에 작고 검은 점이 있다. 기부에서 4/5 지점에도 전연과 후연에 노란 삼각 무늬가 있다.

유충

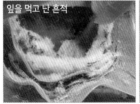
잎을 먹고 난 흔적

성충

표본

F-6-1 **노랑점애기비단나방** *Eretomocera artemisiae*

먹이식물: 명아주(*Chenopodium album* var. *centrorubrum*)

유충시기: 8월　유충길이: 10mm
우화시기: 8월　날개길이: 13~14mm　채집장소: 춘천 굴봉산

유충 앞가슴 가운데 반원은 연한 황갈색이고, 둘레는 검은색이다. 몸 중간에 주황색과 연한 황갈색 줄무늬가 있고 양 가장자리에는 흑갈색 줄무늬가 있다. 줄기를 따라 여러 잎을 붙여 놓고 지낸다. 잎을 잡아당겨 그 속에 얇고 흰 고치를 틀고 번데기가 되며, 10일이 지나면 우화한다. 성충 날개는 흑회색이며, 양쪽 앞날개에 노란 무늬가 2개씩 있다. 수컷은 배 중간의 4마디가 노란색이고, 암컷은 배 중간의 3마디와 끝마디가 노란색이며, 나머지는 광택이 도는 흑자색이다.

고치

성충 암컷

표본 수컷

표본 암컷

유충

F-7-1 **배혹뿔나방** *Blastodacna pyrigalla*

먹이식물: 콩배나무(*Pyrus calleryana*) 충영

유충시기: 3월 이전 **유충길이:** 모름
우화시기: 3~4월 **날개길이:** 16~18mm **채집장소:** 서울 길동생태공원, 하남 검단산

콩배나무 가는 가지에 둥근 혹이 있었으며, 여러 개가 붙은 것도 있었다. 그 혹에 구멍이 있어 3월에 혹을 잘라 보았더니 굴속에 번데기가 있었고, 구멍은 우화하고자 낸 것이다. 성충 날개는 은색이고 갈색 비늘이 흩어져 있다. 기부에서 1/3, 2/3 지점에 흑갈색 털 다발이 있다.

콩배나무 충영

충영 속 번데기

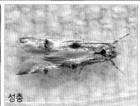
성충

표본

G-1 **사각빗줄뿔나방** *Polyhymno trapezoidella*

먹이식물: 굴피나무(*Platycarya strobilacea*)

| **유충시기:** 5~6월 **유충길이:** 7~10mm
| **우화시기:** 6~7월 **날개길이:** 12~15mm **채집장소:** 순천 선암사

유충은 굴피나무 복엽 줄기 속에 살면서 까만 똥을 줄기 바깥쪽으로 내어놓는다. 개체에 따라서는 줄기 속에서 나와 잎을 잘라 주머니를 만들어 먹고, 다 자라면 화살 끝부분처럼 삼각 판이 3개 붙은 모양으로 잎을 접어 줄기에 붙이고 번데기가 되거나, 줄기 속에서 번데기가 되기도 한다. 번데기가 된 지 17일 정도 지나면 우화한다. 성충 앞날개 끝은 마치 종이학 주둥이 모양 같다. 기부에서 후연 쪽으로 길고 검은 사각 무늬가 있다.

복엽 줄기 사이에 보이는 똥

잎을 자른 모양

줄기 속 유충

잎을 접어서 만든 주머니

성충

표본

G-2 **노랑머리뿔나방** *Aroga gozmanyi*

먹이식물: 떡갈나무(*Quercus dentata*)

| **유충시기:** 10월 **유충길이:** 12mm
| **우화시기:** 이듬해 4월 **날개길이:** 14.5mm **채집장소:** 보성 제석산

유충 머리와 앞가슴은 짙은 노란색이다. 몸에는 살구색과 미색 줄이 번갈아 있고 털받침 둘레는 미색이다. 잎을 시맥만 남기고 먹으며 그 부근에 지저분한 가루를 붙여 방을 만들고 지낸다. 방 속에서 번데기가 되고 이듬해에 우화한다. 성충 앞날개는 검은색이고, 앞날개 기부에서 4/5 지점 전연에 작은 주황색무늬가 있으며, 머리와 가슴은 노란색이다.

유충

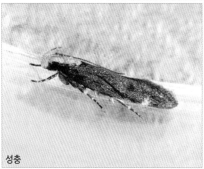

성충

표본

G-3 **마디풀뿔나방** *Caryocolum junctella*

먹이식물: 별꽃(*Stellaria media*)

> **유충시기:** 5~6월 **유충길이:** 6mm
> **우화시기:** 6월 **날개길이:** 10~11.5mm **채집장소:** 인제 계명산, 순천 왕의산

유충 머리와 앞가슴은 검은색이고 털받침 둘레는 흰색이다. 꽃봉오리들을 붙여 놓고 파먹는다. 잎을 붙이고 번데기가 되며, 12일 지나서 우화한다. 성충 앞날개 중간에 세로로 검고 긴 사각 무늬가 있고 그 옆에 황토색 무늬가 있다. 기부에서 3/4 지점에 흰색이 섞인 옅은 적갈색 띠가 전연에서 후연까지 이어진다. 정수리에 노란 금속성 광택이 나는 줄무늬가 있는 것으로 유사종과 구별한다. 석죽과와 마디풀과 식물을 먹는 것으로 알려졌다.

유충

성충

표본

G-4 **일본검정뿔나방** *Helcystogramma fuscomarginatum*

먹이식물: 조개풀(*Arthraxon hispidus*)

| 유충시기: 9월　유충길이: 10mm
| 우화시기: 10월　날개길이: 14.5~16mm　**채집장소:** 장흥 천관산휴양림 임도

유충 머리는 주황색이고 앞가슴 양쪽에 검은 사선이 있다. 가운데가슴은 검고 그 뒤로 흰 부분이 있다.
잎을 길게 반으로 접어 붙여 풍선처럼 만들고 그 속에서 안쪽 면만 먹는다. 지내던 잎 속에서 번데기가
되고, 1주일이 지나면 우화한다. 성충 앞날개는 황갈색이며 갈색 줄무늬가 있고, 중간에 긴 흑갈색 막대
무늬가 있으며 그 끝에 흰 점이 있다. 벼과 식물을 먹는 것으로 알려졌다.

유충

잎을 길게 붙인 모양

성충

표본

G-5 **비수리삼각수염뿔나방(신칭)** *Dichomeris cuneatiella*

먹이식물: 싸리(*Lespedeza bicolor*), 비수리(*Lespedeza cuneata*)

유충시기: 6월, 9월 유충길이: 13mm
우화시기: 6월, 9월 날개길이: 15mm **채집장소:** 함평 밀재, 광양 백운산휴양림

유충 머리는 연갈색이며 갈색 줄무늬가 있다. 앞가슴 앞쪽에 검은 점무늬가 2개, 뒤쪽에 작고 희미한 무늬가 2개 있다. 배에는 흰색 줄과 쑥색 줄이 번갈아 있다. 잎을 반으로 접어 붙이고 이것을 다른 잎에 붙인 뒤에 그 속을 들락거리며 잎을 먹는다. 성충 앞날개는 황토색이고 기부에서 1/5 지점의 점 2개, 1/2 지점의 넓은 꺾쇠 무늬, 3/5 지점의 점 2개, 4/5 지점의 사선과 외연은 흑갈색이다. 전연에도 기부에서 3/4 지점까지 흑갈색 테두리가 있다.

유충

성충

표본

G-6 비파삼각수염뿔나방(신칭) *Dichomeris ochthophora*

먹이식물: 다정큼나무(*Rhaphiolepis umbellata*), 비파나무(*Eriobotrya japonica*)

유충시기: 5월, 9월 **유충길이:** 12~15mm
우화시기: 5월, 9~10월 **날개길이:** 14~16.5mm **채집장소:** 완도수목원

유충 머리는 주홍색이고, 앞가슴 뒤 가장자리에는 흑갈색 띠가 둘렸다. 몸은 미색이고 양쪽에 붉은 줄무늬와 검은 점이 있다. 다정큼나무에서는 어린잎을 여러 장 붙이고 지내며, 비파나무에서는 어린잎을 반으로 접어 붙이고 지낸다. 잎을 붙이고 번데기가 되며 10~13일 지나면 우화한다. 성충 앞날개는 좁고 길며 전체적으로 황토색이나, 기부 가까이에 둥근 황토색 부분이 있고 그 옆에서 1/3 지점까지 검은 무늬가 있으며, 후연과 외연에도 불규칙한 검은 무늬가 있다. 장미과 식물을 먹는 것으로 알려졌다.

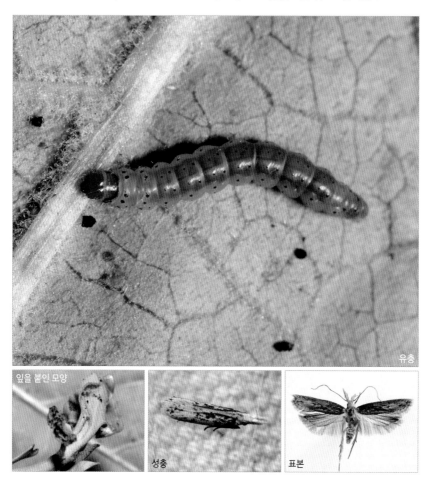

유충

잎을 붙인 모양

성충

표본

71

G-7 **황벽나무뿔나방(신칭)** *Dichomeris okadai*

먹이식물: 황벽나무(*Phellodendron amurense*)

> 유충시기: 7월 유충길이: 10mm
> 우화시기: 7월 날개길이: 15mm 채집장소: 광양 한재

유충 머리는 갈색, 앞가슴은 검은색, 가운데가슴은 흑갈색이며 몸에 작고 검은 점이 많다. 잎을 엇갈리게 붙이고 이 잎의 한쪽 면만 먹는다. 잎 사이에서 번데기가 되고 1주일 지나면 우화한다. 성충 아랫입술수염 밑은 황갈색, 위는 흑갈색이며 앞으로 길게 뻗었다. 앞날개 기부 쪽 반은 갈색이고, 나머지 반은 연갈색이며 갈색 줄무늬가 있다. 외연은 갈색 띠로 둘렸다.

유충

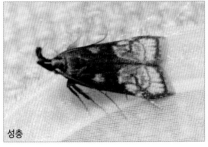

성충

표본

G-8 **상수리뿔나방** *Encolapta tegulifera*

먹이식물: 갈참나무(*Quercus aliena*)

유충시기: 6월 유충길이: 10mm
우화시기: 6월 날개길이: 13mm 채집장소: 남양주 천마산

유충은 머리를 비롯해 온몸이 노란색이다. 잎을 붙이고 지내며 그 속에서 번데기가 되고 보름쯤 지나면
우화한다. 성충 앞날개 전연에는 갈색과 흰색 사선이 있고, 사선 아래는 전연 중간에서부터 후연 끝까지
갈색으로 둘렸다. 아랫입술수염 아래로 긴 흰색 털이 있다.

유충

성충

표본

G

G-9 **사다리털수염뿔나방** *Dendrophilia mediofasciana*

먹이식물: 싸리(*Lespedeza bicolor*)

> 유충시기: 5월 유충길이: 7mm
> 우화시기: 5월 날개길이: 10~14mm 채집장소: 순천 왕의산

유충 머리와 앞가슴은 검은색이고 몸은 투명한 녹색이다. 잎을 여러 장 붙이고 그 속에서 지내며 똥은 쏘아 버린다. 사육 시 물휴지 속에 들어가 20일 지나면 우화한다. 성충 앞날개는 회갈색이며 중간에 검은색 사다리꼴 무늬가 있는데, 후연에서 약간 떨어져 있다.

유충

성충

표본

G-10 **국명 없음** *Ergasiola ergasima*

먹이식물: 배풍등(*Solanum lyratum*)

> **유충시기:** 9월 **유충길이:** 6mm
> **우화시기:** 9월 **날개길이:** 11.5mm **채집장소:** 순천 왕의산

유충 머리와 앞가슴은 검은색이다. 잎 속에 들어가 표피층을 남기고 잎살을 먹으며 지낸다. 유충이 들어 있는 잎은 부풀며 그 속에서 번데기가 된다. 성충 앞날개는 황갈색이며 검은 인편이 흩어져 있다. 더듬 이는 갈색이며 마디마다 기부는 색이 옅어서 둥근 고리가 연결된 것처럼 보인다. 가지과 식물을 먹는 것 으로 알려졌다.

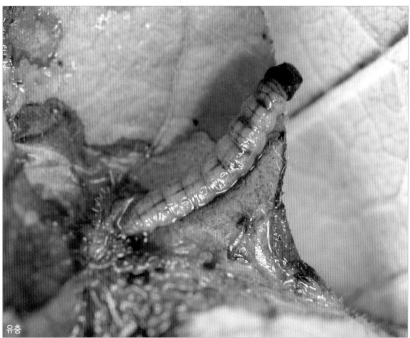
유충

성충

표본

G-11 **멀구슬뿔나방**(신칭) *Paralida triannulata*

먹이식물: 멀구슬나무(*Melia azedarach*)

| 유충시기: 7~8월　**유충길이:** 13mm
| 우화시기: 7~8월　**날개길이:** 17mm　**채집장소:** 순천 왕의산

유충 머리, 앞가슴, 항문판은 검은색이고 몸에 작고 검은 점이 있다. 복엽의 작은 잎 한 장을 몸을 숨길 수 있을 정도로 말고, 말은 잎의 앞부분을 먹거나 집에서 나와 다른 잎을 먹는다. 잎을 말고 번데기가 되며, 10일 정도 지나면 우화한다. 성충 아랫입술수염 둘째 마디는 털 다발로 이루어졌다. 앞날개는 회갈색이고 날개 끝은 약간 갈고리 모양이며 날개 중간쯤에 짙은 회갈색 무늬가 있고, 날개 끝 가까이에 긴 흑갈색 세로 줄무늬가 있다. 1년에 여러 차례 발생한다.

유충

성충

표본

G-12 **배풍등뽈나방(신칭)** *Euscrobipalpa lyratumiell*

먹이식물: 배풍등(*Solanum lyratum*) 충영

> **유충시기:** 8~9월　**유충길이:** (충영 길이) 20mm
> **우화시기:** 9월　**날개길이:** 14mm　**채집장소:** 순천 왕의산

유충은 줄기가 방추형으로 길게 부푼 배풍등 충영 속에서 속살을 먹으며 살다가 번데기가 된다. 성충 앞날개는 갈색이고, 기부 3/4 지점에서 외연까지와 연모는 흑갈색이다. 뒷날개도 갈색이다.

충영 속

성충

표본

충영

G-13 **얼룩무늬뿔나방** *Chorivalva grandialata*

먹이식물: 갈참나무(*Quercus aliena*) 줄기 속

유충시기: 5월 유충길이: 10mm
우화시기: 6월 날개길이: 12~13mm 채집장소: 보성 제석산

유충 머리와 앞가슴, 배 끝 마디와 항문판도 검은색이어서 머리와 배 끝이 구별되지 않는다. 몸은 백록색이며 회색 점이 있다. 어린 줄기 속을 파먹으며 그 속에서 번데기가 된다. 성충 날개는 회색 인편으로 덮였으며 흰색과 검은색 인편 다발이 여러 곳에 솟아 있어 꺾쇠 무늬처럼 보인다.

번데기

성충

유충

표본

H-1 **알락굴벌레나방** *Zeuzera multistrigata*

먹이식물: 물푸레나무(*Fraxinus rhynchophylla*), 고광나무(*Philadelphus schrenckii*)

유충시기: ?~이듬해 6월 유충길이: 50mm
우화시기: 7월 날개길이: 70mm 채집장소: 남원 뱀사골

땅에 둥글고 흰 똥이 쌓인 것을 보고 지면에서 높이 10~20cm 지점에 구멍이 있는 지름 15~20mm 나무를 잘랐다. 그런데 유충이 보이지 않아서 뿌리 쪽을 파 보니 여러 갈래로 뻗은 뿌리 속에 굴이 나 있고 그 속에 유충이 있었다. 8월의 유충 머리, 앞가슴, 항문판은 검은색이고 몸은 붉은색이며 몸길이는 30mm였다. 겨울 동안 죽어서 이듬해 5월 초순에 다시 유충을 찾았다. 지난해 8월의 유충과 같은 몸이 붉은색인 것과 우윳빛에 몸길이가 50mm인 노숙 유충을 찾았다. 붉은색 유충은 먹이를 찾아 돌아다녔으나 노숙 유충은 더 이상 먹지 않았다. 이것으로 알락굴벌레나방이 2년을 유충으로 보낸다는 것을 알 수 있었다. 노숙 유충은 6월까지 유충으로 지내고 번데기가 되었다. 성충 더듬이는 무척 짧고, 흰 날개에 흑청색 무늬가 있다. 표본을 만들고 알을 낳았으며, 미수정 알은 대략 300개였다.

* 하정옥 씨가 유충을 찾고 채집했으며, 배설물 사진은 이정학 씨가 찍었다.

유충

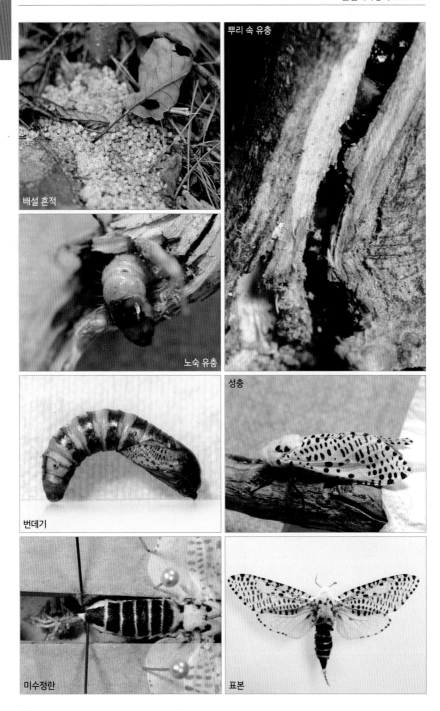

배설 흔적

뿌리 속 유충

노숙 유충

번데기

성충

미수정란

표본

I-1-1 **차애모무늬잎말이나방** *Adoxophyes honmai*

먹이식물: 댕댕이덩굴(*Cocculus trilobus*)

| 유충시기: 10월 　유충길이: 15mm
| 우화시기: 11월 　날개길이: 18mm 　채집장소: 순천 청암대학교

유충 머리는 주황색이며 앞가슴은 연두색이나 갈색이 섞여 있고 몸은 녹색이다. 잎을 반으로 접고 속의 한쪽 면만 먹는다. 잎을 붙이고 번데기가 되며, 11일 지나면 우화한다. 성충 암컷과 수컷은 무늬가 많이 다르다. 암컷 앞날개는 연황갈색이며 갈색 사선이 전연에서 중간까지는 좁으나 후연 가까운 곳에서는 넓어진다. 전연 끝 가까이에 갈색 역삼각 무늬가 있다. 광식성이며 1년에 여러 차례 발생하는 것으로 알려졌다.

유충

성충 암컷

표본 암컷

I-1-2 **갈색띠무늬잎말이나방** *Pandemis monticolana*

먹이식물: 철쭉(*Rhododendron schlippenbachii*)

유충시기: 6월 유충길이: 20mm
우화시기: 6월 날개길이: 23mm 채집장소: 구례 성삼재

유충 머리는 검은색이나 앞쪽 중간의 조그만 부분과 양 끝부분에 투명한 무늬가 있다. 앞가슴도 뒷부분은 검은색이고 앞부분은 투명한 녹색이다. 몸은 녹색이고 가운데가슴과 뒷가슴에 굵고 검은 점이 있고 항문판도 검은색이다. 잎을 붙이고 번데기가 되며, 7~10일 지나면 우화한다. 성충 앞날개는 황갈색이며 짙은 갈색 사선이 전연 중간에서 후연으로 갈수록 굵어진다. 날개 끝 가까이에 있는 역삼각 무늬는 작다. 뒷날개는 검은색이다.

노숙 유충

성충

유충

표본

I-1-3 **모무늬잎말이나방** *Archips xylosteana*

먹이식물: 밤나무(*Castanea crenata*)

유충시기: 5월 유충길이: 28mm
우화시기: 6월 날개길이: 23mm 채집장소: 남양주 천마산

유충 머리는 검은색이고, 앞가슴은 황갈색이나 뒤 테두리는 흑갈색이다. 잎 끝을 가로로 돌돌 말고 지낸다. 잎을 붙이고 번데기가 되며, 10일이 지나면 우화한다. 성충 앞날개는 황갈색이며 가운데에 있는 사선은 전연 쪽 반은 가늘고 중간에 검은 부분이 있으며 후연 쪽 반은 넓다. 사선 안쪽에 갈색 무늬가 있고, 전연에 있는 역삼각 무늬는 꼬리처럼 길어져 후연에 닿는다. 광식성이다.

노숙 유충

성충

표본

I-1-4 **차잎말이나방** *Homona magnanima*

먹이식물: 찔레(*Rosa multiflora*), 졸참나무(*Quercus serrata*), 사스레피나무(*Eurya japonica*) 등 여러 나무

유충시기: 4월, 9월 유충길이: 20~25mm
우화시기: 5월, 10월 날개길이: 19~30mm 채집장소: 순천 왕의산, 보성 제석산

유충 머리는 황갈색이고 뒤에 검은 삼각 무늬가 4개, 그 아래 양쪽에 작은 삼각 무늬가 있다. 앞가슴은 녹갈색이며 뒤에 검은 띠가 있다. 가운데가슴에는 검은 점이 있다. 잎을 붙이고 지내며, 그 속에서 번데기가 되어 11일 뒤에 우화한다. 성충은 암수 날개 무늬와 크기가 다르다. 수컷은 앞날개 기부 가까이 전연에 털 다발이 솟았고 그 옆에 흑갈색 무늬가 있다. 암컷 앞날개에는 그물 무늬가 있고 후연에는 적갈색 띠가 있으며, 날개 끝은 약간 볼록하다. 암수 모두 뒷날개 앞쪽 반은 노란색, 뒤쪽은 흑갈색이다. 가을에 나오는 것은 크기가 작다.

노숙유충
유충
성충 수컷
성충 암컷
표본 수컷
표본 암컷

I-1-5 **그물눈잎말이나방** *Ptycholoma imitator*

먹이식물: 병꽃나무(*Weigela subsessilis*)

| 유충시기: 7월   유충길이: 20mm
| 우화시기: 7월   날개길이: 20mm   채집장소: 구례 성삼재

유충 머리와 앞가슴은 녹색이고 몸은 백록색이다. 잎 몇 장을 성글게 붙여 넓은 공간을 만들고 그 속에서 지내며 붙인 잎을 먹는다. 잎을 붙이고 번데기가 되며, 9일이 지나면 우화한다. 성충 앞날개는 노란색 바탕에 연갈색 그물눈 무늬가 있고 진한 갈색 사선이 2개 있다. 광식성으로 알려졌다.

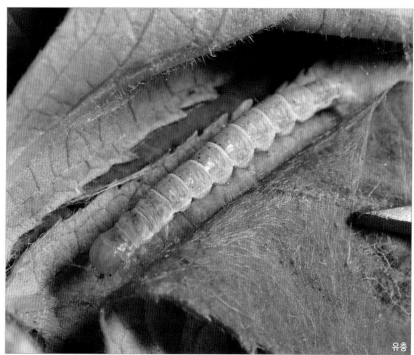

유충

성충

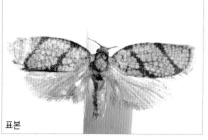

표본

I-1-6 **아무르잎말이나방** *Acleris amurensis*

먹이식물: 갯버들(*Salix gracilistyla*)

유충시기: 6~7월 유충길이: 20mm
우화시기: 7월 날개길이: 24mm 채집장소: 구례 성삼재

중령 유충 머리는 다갈색이고 앞가슴 양쪽에 둥글고 검은 점이 있으며 몸은 우윳빛이다. 종령 유충 앞가슴 점무늬는 조금 흐릿하다. 잎 가장자리를 약간 접어 붙이고 그 잎을 먹는다. 잎을 붙이고 번데기가 되며 23일이 지나면 우화한다. 성충 앞날개는 회색이고 갈색 그물 무늬가 있으며 외횡선대와 그 바깥쪽은 갈색이 많다. 암컷은 기부와 후연 가까이에 그리고 날개 중간쯤에 밝은 고동색 가로 막대 무늬가 있다. 중국에서는 버드나무과 식물을 먹는 것으로 알려졌다.

중령 유충

성충

종령 유충

표본

I-1-7 **졸참나무잎말이나방** *Acleris fuscotogata*

먹이식물: 덜꿩나무(*Viburnum erosum*), 가막살나무(*Viburnum dilatatum*)

유충시기: 5월   유충길이: 10mm

우화시기: 6월   날개길이: 11mm   채집장소: 광양 백운산휴양림

유충 머리는 황갈색, 앞가슴은 검은색이다. 잎을 말고 그 잎을 먹는다. 잎을 붙이고 번데기가 된다. 성충 앞날개 안쪽 반은 노란색이며 그물 무늬가 있고, 바깥쪽 반은 적갈색이며 납색 선과 검은 점줄이 있다. 색상 변이가 많다. 광식성으로 알려졌다.

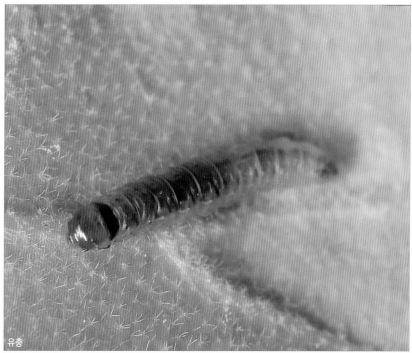
유충

성충

표본

I-1-8 **검정어깨무늬잎말이나방** *Acleris nigriradix*

먹이식물: 정금나무(*Vaccinium oldhami*)

유충시기: 5~8월　유충길이: 14mm
우화시기: 8월　날개길이: 20mm　채집장소: 구례 화엄사

중령 유충 머리는 검은색이나 종령 유충이 되면 다갈색이 된다. 잎을 엇갈리게 붙여 놓고 그리로 들락거리며 먹는다. 유충 기간이 아주 길다. 잎을 붙이고 번데기가 되어 17일이 지나면 우화한다. 성충 앞날개 전연부는 부풀고, 후연 기부에는 털 다발이 솟았다. 성충 날개는 변이가 아주 많은데, 대개 후연 기부에서부터 세로로 긴 무늬가 있다.

중령 유충

유충이 잎을 붙인 모양

성충

종령 유충

표본

I-1-9 센달나무잎말이나방 *Cerace xanthocosma*

먹이식물: 센달나무(*Machilus japonica*), 새덕이(*Neolitsea aciculata*), 목련(*Magnolia kobus*), 후박나무(*Machilus thunbergii*)

| 유충시기: 4~5월, 8~9월 유충길이: 30~35mm
| 우화시기: 5월, 9~10월 날개길이: 32~47mm 채집장소: 거제 지심도, 완도식물원

중령 유충 머리와 가슴은 검은색이며 몸은 회녹색이고 검은 점이 있다. 배 윗면 중간에 흰 줄이 2개 있다. 종령 유충이 되면 배는 노란색이 된다. 잎 2장을 여러 겹으로 된 질긴 실로 단단히 붙이고 그 속에서 한쪽 면만 먹는다. 잎을 아주 질긴 실로 단단히 붙이고 번데기가 되며, 10일이 지나면 우화한다. 광식성으로 알려졌는데, 주로 잎이 두꺼운 식물을 먹었다. 성충은 암수 색이 다르고, 크기도 암컷이 훨씬 더 크다. 수컷 날개는 검고 중간에 자주색 세로줄이 있으며 작은 노란색 점무늬가 있다. 전연에는 노란색 짧은 줄무늬가 있다. 암컷 날개는 노란색이며 중간에 자주색 줄이 있고, 작고 검은 점무늬가 있으며, 전연에 짧고 검은 줄무늬가 있다.

중령 유충

종령 유충 번데기

성충 암컷 표본 수컷 표본 암컷

I-2-1 **괴불애기잎말이나방** *Apotomis geminata*

먹이식물: 보리수나무(*Elaeagnus umbellata*)

유충시기: 5월, 9월 유충길이: 15mm

우화시기: 6월, 이듬해 4월 날개길이: 16.5mm 채집장소: 광양 백운산자연휴양림

유충 머리는 연한 황갈색이고, 앞가슴 뒤 양쪽에 검은 점이 있다. 몸은 백록색이고 털받침은 흰색이다. 잎을 여러 장 붙인 다음 잎에 난 흰 털들을 남기고 먹어서 유충이 먹은 잎에는 흰 털이 쌓인다. 성충 앞 날개 내횡선대는 갈색, 그 안쪽은 회색과 갈색이 뒤섞여 있고, 외횡선대는 흑갈색이며 중간에서 바깥쪽으로 검은색 갈고리 모양으로 튀어나온 부분이 있고, 후연 가까이에는 밝은 갈색 부분이 있다. 외횡선대 바깥쪽은 회색이고, 전연 가까이 흰색 세로 줄무늬가 있다. 앞날개 연모는 회갈색이나 뒤 끝부분은 흰색이다. 후피향과 보리수나무 잎을 먹는 것으로 알려졌다.

유충

성충

표본

I-2-2 **신갈큰애기잎말이나방** *Eudemis lucina*

먹이식물: 졸참나무(*Quercus serrata*), 개암나무(*Corylus heterophylla* var. *thunbergii*)

유충시기: 5월 유충길이: 15mm
우화시기: 6월 날개길이: 19mm 채집장소: 구례 상선암, 서울 상일동산

유충 머리는 황갈색이고 앞가슴은 연한 쑥색이다. 잎을 말고 지내며, 잎을 잘라 붙이고 번데기가 되어 20일 지나면 우화한다. 성충 앞날개는 황토색이며 가운데 검은 삼각 무늬가 있고 그 옆에 희고 둥근 무늬가 있다. 외연 근처에도 검은 무늬가 있다. 기존에 귀룽큰애기잎말이나방(*E. brevisetosa*)과 혼동되었던 것으로 보인다.

성충 옆면

성충 윗면

유충

표본

I-2-3 **가새목애기잎말이나방** *Hedya iophaea*

먹이식물: 사스레피나무(*Eurya japonica*)

유충시기: 5월   유충길이: 12mm
우화시기: 6월   날개길이: 13mm   채집장소: 완도수목원

유충 머리는 약간 짙은 노란색이며 몸은 노란색이다. 잎을 접어 붙이고 바깥층은 남기고 먹는다. 잎 가장자리를 약간 접어 붙이고 번데기가 되며, 10일 지나면 우화한다. 성충 앞날개 기부 쪽 반은 흑청색이며 바깥쪽 반은 갈홍색에 회색 무늬가 있고, 날개 뒤 끝부분은 검다. 연모는 황갈색이다. 뒷날개는 검고 연모도 검다.

잎을 붙인 모양

성충

유충

표본

I-2-4 **가로줄애기잎말이나방** *Phaecadophora fimbriata*

먹이식물: 붉가시나무(*Quercus myrsinaefolia*)

유충시기: 8~9월   유충길이: 18mm

우화시기: 9월   날개길이: 18mm   채집장소: 완도수목원

유충 머리는 주홍색, 앞가슴은 갈색이나 뒷부분은 흑갈색이다. 어린잎을 먹으나 잎이 없으면 어린 줄기 속도 파먹는다. 잎 가장자리를 조금 잘라 붙이고 번데기가 되며, 13일 지나면 우화한다. 성충 앞날개는 갈색이나 부분부분 연녹색이 섞여 있다. 후연 가까이에서 가로로 길고 미색인 물결무늬가 있고 그 아래 후연 부분은 짙은 갈색이다.

유충이 잎을 접은 모양

성충 윗면

성충 옆면

유충

표본

I-2-5 **다갈색흰점애기잎말이나방(가칭)** *Olethreutes manoi*

먹이식물: 가시나무(*Quercus myrsinaefolia*), 붉가시나무(*Quercus acuta*)

유충시기: 9월 유충길이: 15mm
우화시기: 10월 날개길이: 11.5~14mm 채집장소: 완도수목원

유충 머리는 다갈색이고 앞가슴과 몸은 흑갈색이다. 어린잎을 긴 축으로 돌돌 말거나 붙이고 그 잎을 먹고 지낸다. 잎을 붙이고 번데기가 되어 1주일 지나면 우화한다. 성충 앞날개는 밝은 적갈색 바탕에 흑갈색 무늬가 횡대를 이룬다. 기부에서 3/5 지점에 흰 점이 있어 동정이 쉽다.

유충

성충

표본

I-2-6 **흰빛점애기잎말이나방** *Phaecasiophora obraztsovi*

먹이식물: 감태나무(*Lindera glauca*)

유충시기: 6월, 8월 유충길이: 18mm

우화시기: 7월, 이듬해 4월 날개길이: 20mm 채집장소: 순천 송광사, 순천 선암사

유충 머리는 다갈색, 앞가슴은 검은색, 몸은 백록색이다. 질긴 실 여러 가닥으로 잎을 붙이고 지낸다. 여름형은 잎을 조금 잘라 붙이고 번데기가 되어 10일이 지나면 우화한다. 성충 앞날개에는 연갈색과 짙은 갈색 무늬가 복잡하게 퍼져 있는데, 날개 기부에서 3/5 지점 검은 세로 막대 무늬 끝에 흰색 사선이 있다. 또한 외연 가까이에 있는 사다리꼴 무늬 속에 연갈색으로 둘러싸인 작은 하트 무늬가 있다.

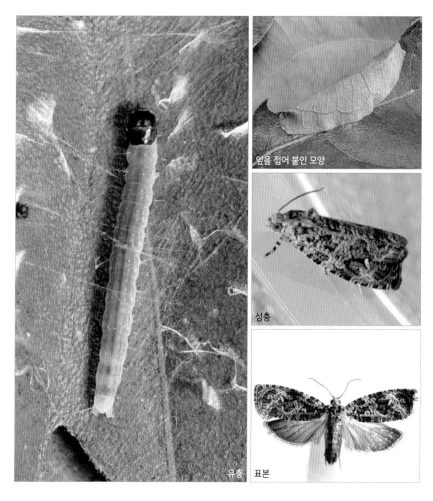

잎을 접어 붙인 모양

성충

유충

표본

95

I-2-7 갈색잔물결애기잎말이나방 *Neoanathamna cerinus*

먹이식물: 갈참나무(*Quercus aliena*), 비목나무(*Lindera erythrocarpa*)

유충시기: 5월   유충길이: 10mm
우화시기: 5월   날개길이: 13~13.5mm   채집장소: 밀양 재약산, 남원 뱀사골

유충 머리와 앞가슴은 미색이고, 몸은 우윳빛과 검은빛이 돈다. 잎을 단단히 붙이거나 돌돌 말고 지낸다. 잎 끝을 약간 접어 붙이고 번데기가 되어 15일 지나면 우화한다. 성충 앞날개는 황갈색과 짙은 갈색이 물결 모양을 이루고 기부에서 2/3 지점 바깥쪽에는 납색 무늬가 있다. 기부 1/3 지점에서 횡선이 크게 휜 것으로 유사 종들과 구별한다. 후연 끝 가까이에 갈색 세로 줄무늬가 있다.

잎을 접어 붙인 모양

성충

유충

표본

I-2-8 **후피향나무애기잎말이나방** *Eucoenogenes ancyrota*

먹이식물: 후피향나무(*Ternstroemia gymnanthera*)

유충시기: 6월, 8월 유충길이: 18mm

우화시기: 7월, 9월 날개길이: 18~20mm 채집장소: 나주 산림자원연구소, 완도수목원

중령 유충 머리는 주황색, 앞가슴은 검은색이고 몸은 황갈색이나 조금 투명하다. 종령 유충이 되면 앞가슴은 황갈색으로 변한다. 가지 끝의 어린잎을 여러 장 단단히 붙이고 똥도 그 속에 붙여 놓고 살다가 번데기가 되며, 2주 뒤에 우화한다. 성충은 앉았을 때 날개를 둥글게 말아 마치 나뭇가지 조각처럼 보인다. 앞날개 전연 쪽 반은 갈색이며 더 짙은 갈색 점이 있고, 후연 쪽 반은 회색이며 흑갈색 점이 있다.

유충

중령 유충

성충

표본

I-2-9 **개암나무애기잎말이나방** *Eucoegenes teliferana*

먹이식물: 개서어나무(*Carpinus tachonoskii*)

유충시기: 5월　유충길이: 10mm

우화시기: 6월　날개길이: 10mm　채집장소: 구례 상선암

유충 머리, 앞가슴, 몸은 미색이다. 잎을 붙이고 지내며, 역시 잎을 붙이고서 번데기가 되어 1주일 지나면 우화한다. 성충 앞날개는 연갈색이며, 후연에 기부에서 날개 끝까지 둥글게 흰 갈색 무늬가 있다. 자작나무과 식물을 먹는 것으로 알려졌다.

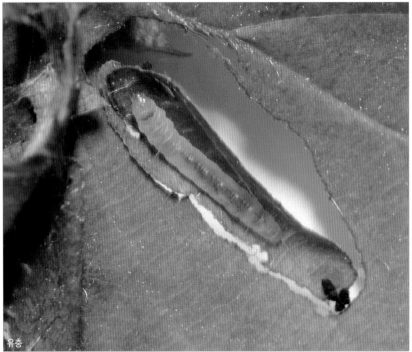

유충

성충

표본

I-2-10 **아롱애기잎말이나방** *Hendecaneura impar*

먹이식물: 때죽나무(*Styrax japonica*)

> 유충시기: 5월 유충길이: 13~15mm
> 우화시기: 5~6월 날개길이: 15~18mm 채집장소: 광양 한재, 구례 상선암

유충 머리는 노란색이고 앞가슴은 연노란색이며 양쪽에 작은 연갈색 무늬가 있다. 아래 사진 속 개체는 노숙 유충이어서 잘 나타나지 않으나 몸에 갈색 점이 많다. 잎을 접어 붙이고 타원형으로 입질을 해 놓고는 번데기가 되어 16일 지나 우화한다. 앞날개 외횡선은 납색이며, 후연 가운데에 크고 흰 무늬가 있다. 때죽나무과 단식성이다.

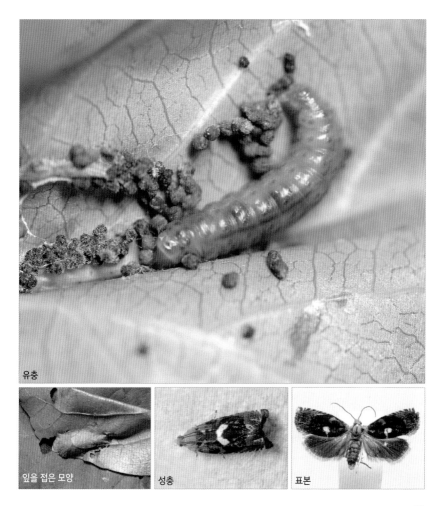

유충

잎을 접은 모양

성충

표본

I-2-11 **검정머리애기잎말이나방** *Peridaedala japonica*

먹이식물: 산철쭉(*Rhododendron yedoense* var. *poukhanense*)

유충시기: 5월 유충길이: 10mm
우화시기: 6월 날개길이: 9mm 채집장소: 구례 화엄사

유충 머리는 황갈색, 앞가슴 앞쪽 반은 연갈색, 뒤쪽 반은 검은색이다. 몸은 미색이고 검은 점이 많다. 잎을 붙이고 잎의 털은 남기고 먹는다. 역시 잎을 붙여 번데기가 되고 10일이 지나면 우화한다. 성충 앞날개 외횡선대는 넓은 갈색이며 그 안쪽에는 백록색과 갈색 무늬가 섞여 있다. 외연 가까이에 사다리꼴 무늬가 줄지어 있다.

유충

성충

표본

I-2-12 **산딸기애기잎말이나방** *Pseudacroclita hapalaspis*

먹이식물: 장딸기(*Rubus hirsutus*), 수리딸기(*Rubus corchorifolius*)

유충시기: 8월, 9월 유충길이: 5mm

우화시기: 8월 날개길이: 8mm 채집장소: 완도수목원, 광주 금당산

유충 머리는 갈색이며, 앞가슴은 연갈색이고 양쪽에 큰 흑갈색 무늬가 있다. 몸은 연갈색이며 털받침은 흰색이다. 잎 위와 아래에 실로 엉성한 집을 짓고서 잎 양쪽 왁스층 사이에서 잎살을 먹고산다. 위아래 집은 서로 통하며, 잎 위쪽으로부터 위험을 느끼면 아랫집으로, 아래쪽으로부터 위험을 느끼면 윗집으로 도망친다. 다 자라면 먹던 잎을 잘라 접어서 반원 비슷한 고치를 틀고 9일 지나면 우화한다. 성충 앞날개는 흑자색이며 반짝이는 회색 점무늬가 있고, 외연부는 연갈색이다.

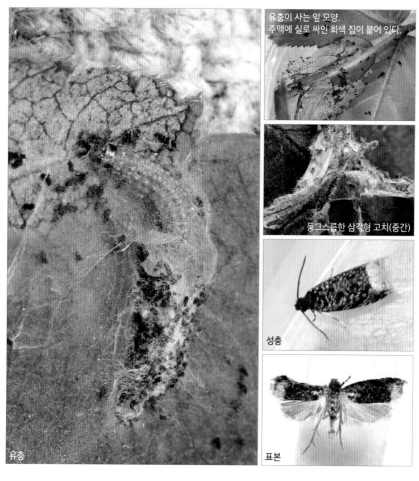

유충이 사는 잎 모양.
주맥에 실로 싸인 회색 집이 붙어 있다.

뭉그스름한 삼각형 고치(중간)

성충

표본

유충

101

I-2-13 **회갈무늬애기잎말이나방** *Rhopobota toshimai*

먹이식물: 나도밤나무(*Meliosma myriantha*)

| 유충시기: 6월, 7~8월, 9월 유충길이: 10~12mm
| 우화시기: 6월, 8월, 이듬해 4월 날개길이: 12~14mm 채집장소: 광양 백운산, 구례 피아골, 순천 선암사

유충 머리는 옅은 살구색이다. 잎 가장자리를 몸이 들락거릴 수 있을 정도로 약간 접어 붙이고, 들락거리며 잎맥만 남기고 먹는다. 잎을 조그맣게 잘라 붙이고 번데기가 되어 13일 지나면 우화한다. 성충 앞날개는 기부 1/2 지점 전연에서 후연에 걸쳐 회백색을 띠고, 기부 3/5 지점에 있는 갈색 무늬 속에 세로로 길고 짙은 흑갈색 사각 무늬가 있다. 후연각에 있는 연모는 흰색이다. 1년에 3회 이상 발생하는 것으로 보인다.

잎을 먹는 모습

성충

유충

표본

I-2-14 **풀색애기잎말이나방** *Zeiraphera hiroshii*

먹이식물: 가막살나무(*Viburnum dilatatum*)

유충시기: 4월   유충길이: 12mm

우화시기: 5월   날개길이: 17mm   채집장소: 구례 오산

유충 머리는 갈색, 앞가슴은 검은색이며, 몸은 짙은 회색이고 털받침과 항문판은 검은색이다. 잎을 단단히 접어 붙이고 지내며, 잎을 붙이고서 번데기가 된다. 성충 날개는 녹색이며 중횡선대와 외횡선대는 회색이다. 기부에서 내횡선대까지 노란 세로 줄무늬가 있다.

유충

성충

표본

I-2-15 **밤애기잎말이나방** *Cydia kurokoi*

먹이식물: 밤나무(*Castanea crenata*)

> 유충시기: 9월 유충길이: 15~18mm
> 우화시기: 이듬해 7~8월 날개길이: 17~22mm 채집장소: 하남 검단산

유충 머리와 앞가슴은 적갈색이고, 몸은 미백색이다. 가을에 밤 열매 속에서 밤알을 먹고 지냈다. 다 자라면 낙엽층이나 땅속에 들어가 고치를 틀고 초여름까지 유충 상태로 지낸다. 밤바구미, 복숭아명나방 유충과 같이 밤 속에 들어 있을 때가 많다. 성충 앞날개에는 회갈색 물결무늬가 있고 기부에서 4/5 지점에 검은색 사선 무늬가 있으며 그 바깥은 흑갈색이다.

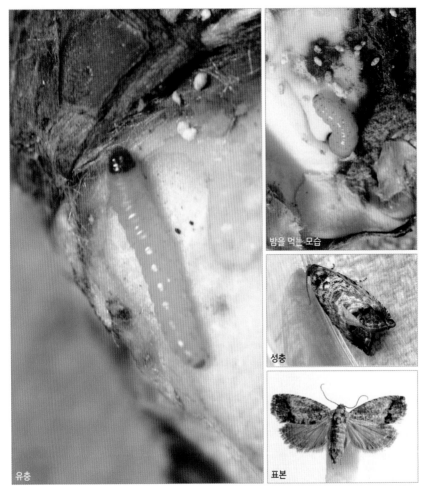

밤을 먹는 모습

성충

표본

유충

I-2-16 **어리팥나방** *Matsumuraeses falcana*

먹이식물: 싸리(*Lespedeza bicolor*)

유충시기: 8월 유충길이: 15mm
우화시기: 8월 날개길이: 16mm 채집장소: 구례 성삼재

유충 머리와 앞가슴은 엷은 황갈색이고, 몸은 미색이다. 잎을 여러 장 붙이고 지내며 그 속에서 번데기가 된다. 성충은 앉았을 때에 날개를 둥글게 말아서 나뭇가지 조각처럼 보인다. 암수 날개 무늬가 다르다. 수컷 앞날개는 연갈색이고 기부에서 2/3 지점 중간에 있는 점무늬와 전연 가까이에 있는 넓은 띠무늬는 다갈색이며, 기부에서 후연에 걸쳐 넓은 다갈색 무늬가 있다. 암컷은 회색과 갈색이 고르게 섞여 연갈색으로 보인다. 콩과 식물을 먹는다.

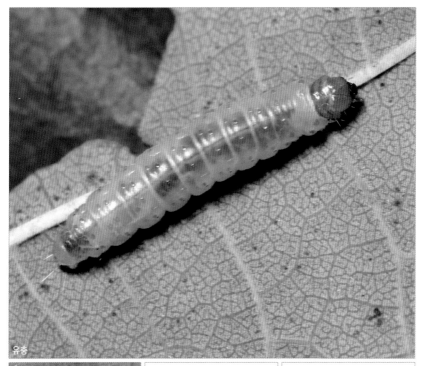

유충

성충 수컷

표본 수컷

표본 암컷

I-2-17 **굴피애기잎말이나방(가칭)** *Parapammene reversa*

먹이식물: 굴피나무(*Platycarya strobilacea*)

유충시기: 5월 유충길이: 10mm

우화시기: 5월 날개길이: 17mm 채집장소: 단양 도락산, 괴산 설우산

유충 머리는 황갈색, 앞가슴은 흑갈색이다. 어린 줄기 속을 파먹고 줄기에 검은 가루 똥을 내어놓는다. 줄기 속에서 번데기가 된다. 성충 앞날개에는 작은 회색과 황갈색 비늘이 가는 줄무늬를 이룬다. 외연 가까이에 짧은 갈색 줄무늬가 사다리 모양으로 전연 중간에서부터 후연각까지 있다.

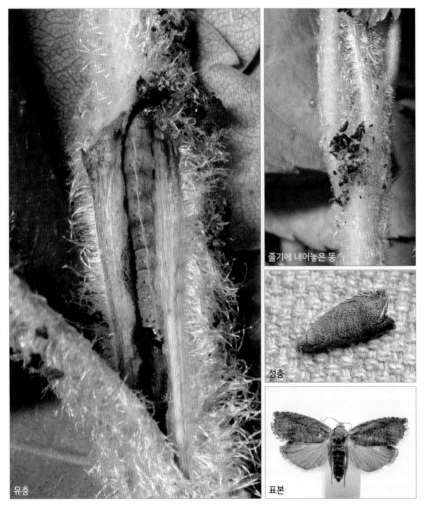

줄기에 내어놓은 똥

성충

표본

유충

J-1-1 **자귀뭉뚝날개나방** *Homadaula anisocentra*

먹이식물: 자귀나무(*Albizzia julibrissin*)

> 유충시기: 7~8월　유충길이: 10~12mm
> 우화시기: 8월　날개길이: 11~15mm　채집장소: 광양 백운산휴양림, 순천 계족산

유충은 긴 방추형으로 생겼고 몸은 흑자색이며 황갈색 줄이 가슴에서부터 배 끝까지 있다. 잎에 실을 많이 쳐서 포개어 붙이거나 꽃봉오리를 지저분하게 붙이고 여러 마리가 모여 산다. 유충이 많이 사는 잎은 실 때문에 거의 희게 보인다. 실을 친 잎 속에 흰색 방추형 고치를 틀고 번데기가 되어 1주일 지나면 우화한다. 성충 앞날개는 회색이고 흑갈색 점이 있다. 유충 모양과 고치, 성충 날개의 점무늬가 집나방들과 비슷하나 날개가 짧다. 1년에 여러 차례 발생하는 것으로 보인다.

유충

잎을 붙인 모양

고치

성충

표본

J-2-1 **메꽃털날개나방** *Emmelina argoteles*

먹이식물: 메꽃(*Calystegia japonica*), 고구마(*Ipomoea batatas*)

| 유충시기: 6, 10월 유충길이: 8~10mm
| 우화시기: 6, 10월 날개길이: 17~21mm 채집장소: 구례 오산

유충 앞가슴은 녹색이고 머리와 몸은 연두색이다. 배 윗면 중앙에 희고 투명한 줄무늬가 있고, 그 옆 마디마다 연두색 줄무늬가 있으며, 짧고 흰 털이 나 있다. 번데기 배 끝은 펜촉처럼 뾰족하고 머리 쪽은 둥글다. 전체에 짧은 털이 방사형으로 나 있다. 배 윗면에 검은 무늬가 있는 것도 있고 없는 것도 있다. 1주일 지나면 우화한다. 성충 날개는 회갈색이다. 앞날개는 기부 3/5 지점에서 2갈래로 나뉘고 뒷날개는 기부에서 3갈래로 나뉜다. 앞날개 첫째 날개 앞 끝부분과 둘째 날개 끝부분에 검은 무늬가 있다.

유충

번데기

성충

표본

J-2-2 **긴털날개나방** *Oidaematophorus iwatensis*

먹이식물: 배초향(*Agastache rugosa*)

유충시기: 5월   유충길이: 13mm
우화시기: 6월   날개길이: 28mm   채집장소: 가평 명지산

유충 머리는 미색, 앞가슴은 연두색이며, 가운데가슴도 연두색이나 중간에 분홍색 무늬가 있다. 몸 윗면은 분홍색이고 옆면과 아랫면은 연두색이다. 번데기 가슴 윗면에 흑갈색 둥근 무늬, 배 윗면에는 마디마다 흑갈색과 적갈색 무늬가 있고, 짧은 털이 있다. 성충 앞날개는 기부 2/3 지점에서 갈라지고, 뒷날개는 3갈래로 깊이 갈라진다. 앞날개 전연에 흑갈색 띠무늬가 있고, 갈라진 부근에 흑갈색 삼각 무늬가 있다.

유충

유충

번데기

표본

J-2-3 **파털날개나방** *Amblyptilia punctidactyla*

먹이식물: 나도송이풀(*Phtheirospermum japonicum*)

유충시기: 8~9월 유충길이: 8~10mm
우화시기: 8~10월 날개길이: 14~16mm 채집장소: 구례 시암재, 광양 서울대학술림

유충 머리는 검은색이다. 몸은 녹색이며 중앙에 흰색 줄이 있고 그 양쪽에 흰색 줄이 지그재그 모양으로 있으며, 짧고 흰 털이 있다. 줄기와 잎 사이에서 번데기가 된다. 번데기 윗면에 검은 꺾쇠 무늬가 2개 있으며, 둘 중 아래 것이 더 굵다. 성충 앞날개 기부 2/3 지점에서 갈라지고, 갈라진 곳의 전연에 흑갈색 삼각 무늬가 있다. 둘째 날개 후연의 중간과 끝 가까이에 털 다발이 있다. 뒷날개는 3갈래로 깊이 갈라지고 둘째 날개 끝부분은 창 모양이며 셋째 날개 후연 중간과 끝에 털 다발이 있다. 광식성으로 알려졌다.

유충
번데기
성충
표본

J-2-4 **망초털날개나방** *Platyptilia farfarellus*

먹이식물: 돼지풀(*Ambrosia artemisiifolia* var. *elatior*)

유충시기: 8월 유충길이: 6mm

우화시기: 9월 날개길이: 12mm 채집장소: 광주 무등산 원효사지

유충 머리와 앞가슴은 검은색이고 몸은 미색이다. 돼지풀 줄기 끝 어린 줄기 속을 파먹고 검은 똥을 구
멍 바깥쪽으로 내어놓는다. 줄기 속에서 번데기가 되어 15일 지나면 우화한다. 성충 앞날개는 기부에
서 3/4 지점이 갈라지고 그곳에 갈색 삼각 무늬가 있으며, 갈라진 날개들 끝에도 갈색 띠무늬가 있다.
뒷날개는 3갈래로 나뉘는데, 위쪽 2개는 기부 1/3 지점에서 갈라지나 하나는 기부에서부터 갈라지고
이것의 후연 가운데에 갈색 털 다발이 있다. 성충은 냉장고 속에서 나오자마자 날 수 있을 정도로 추위
에 무척 강했다. 국화과 식물을 먹는 것으로 알려졌다.

유충

표본

K-1 **넓은띠상수리창나방** *Rhodoneura hyphaema*

먹이식물: 붉가시나무(*Quercus acuta*)

유충시기: 9~10월   유충길이: 13~15mm

우화시기: 10월   날개길이: 17~19mm   채집장소: 완도식물원

유충 머리와 앞가슴은 등황색이다. 몸은 밋밋하고 기문은 검은색이다. 잎을 길게 잘라 돌돌 말고 그 속에서 말은 잎을 먹는다. 다 자란 유충은 말은 잎의 밑을 붙이고 아래로 떨어지고, 11일 지나면 우화한다. 성충은 꼬마상수리창나방과 생김새가 비슷하나 갈색 띠무늬가 더 넓고 특히 뒷날개 외횡선이 굵다.

유충

유충이 잎을 만 모양

성충

표본

L-1-1 **날개검은부채명나방** *Eulophopalpia pauperalis*

먹이식물: 으름덩굴(*Akebia quinata*)

유충시기: 8~9월　유충길이: 20mm

우화시기: 이듬해 6월　날개길이: 24~26mm　채집장소: 순천 선암사, 장흥 천관산동백숲

중령 유충 머리와 앞가슴, 항문판은 검은색이다. 몸은 미색이고 검은 점이 많다. 종령 유충이 되면 몸이 노래진다. 잎 여러 장을 텐트처럼 붙이고 그 속에 똥도 붙이며 여러 마리가(때로는 수십 마리가) 같이 지낸다. 어려서는 잎 한쪽 면만 먹으나 더 자라면 잎 전체를 먹는다. 다 자란 유충은 모두 갑자기 바닥으로 우두둑 떨어져 흙 속으로 들어가서 고치를 틀고 유충으로 월동한다. 성충 앞날개는 연갈색 바탕에 갈색 인편이 흩어져 있다. 내횡선과 외횡선이 뚜렷하고 외횡선에 흑갈색 무늬가 있다. 1년에 1회 발생한다.

중령 유충

유충이 잎을 붙인 모양

성충

종령 유충

표본

113

L

L-2-1 **곡식비단명나방** *Aglossa dimidiata*

먹이식물: 시든 잎(*Withered leaves*)

유충시기: 6월~이듬해 5월 유충길이: 20mm
우화시기: 이듬해 6월 날개길이: 19mm 채집장소: 광양 한재

초령 유충은 몸이 검은색이나 투명하며, 마른 낙엽 속에서 잎맥을 남기고 먹는다. 중령 유충은 머리는 적갈색이고 가슴과 몸은 검은색이다. 잎에 실로 자기 똥을 붙여 긴 통로를 내고 들락거리며 잎을 먹으며, 여름을 지나면서 많이 죽는다. 종령 유충은 머리와 앞가슴은 다홍색이고 앞가슴 앞부분은 검으며, 잎전체를 먹는다. 더 이상 자라지는 않지만 12월까지 먹고 똥을 붙인 집 속에서 월동에 들어가 봄까지 유충으로 지낸다. 성충 앞날개는 황갈색 바탕에 흑갈색 무늬가 있다. 흑갈색 무늬가 전연에도 듬성듬성 있고, 외연에는 마디마다 점점이 있다. 마른 곡식의 해충으로 알려졌다.

초령 유충

중령 유충

성충

종령 유충

표본

L-2-2 **붉은머리비단명나방** *Trebania flavifrontalis*

먹이식물: 오미자(*Schisandra chinensis*)

유충시기: 8월　유충길이: 27mm
우화시기: 이듬해 6월　날개길이: 30mm　채집장소: 남원 뱀사골

중령 유충은 머리는 살구색, 앞가슴은 검은색이며, 몸은 연두색이다. 잎 뒤에 흰 막을 치고 그 속에서 들락이며 먹는다. 종령 유충은 가슴과 배 양쪽에 굵고 검은 줄이 있다. 잎과 줄기를 붙이고 그 속에 질긴 집을 지은 뒤에 똥을 붙이고 아주 지저분하게 산다. 흙 속에 들어가거나 잎을 붙이고 번데기가 되며 이듬해에 우화한다. 성충 정수리는 붉은색이고 시맥은 회색으로 드러나 있으며 시맥 사이는 검은색이다.

잎을 붙인 모양

중령 유충

성충

종령 유충

표본

L-3-1 **흰빗줄알락명나방** *Cryptoblabes loxiella*

먹이식물: 갈참나무(*Quercus aliena*)

유충시기: 7월 유충길이: 10mm
우화시기: 7월 날개길이: 14mm 채집장소: 광양 서울대학술림

노숙 유충이어서 정확한 모습은 알기 어려우나 머리와 가슴은 연한 녹두색으로 보인다. 머리에는 희미한 갈색 무늬가 있다. 잎에 실을 붙여 막을 만들고 그 아래에서 잎을 잎맥만 남기고 먹는다. 잎을 붙이고 번데기가 되어 10일 지나면 우화한다. 성충 날개는 희미한 흑갈색이다. 내횡선은 흰색이며 직선에 가깝고 그 바깥에 굵고 검은 띠가 있다. 아외연선도 흰색이고 그 안쪽에 검은색 띠가 있다. 횡맥점 2개가 뚜렷하다. 광식성이다.

노숙 유충

성충

표본

L-3-2 **검은점알락명나방** *Furcata dichromella*

먹이식물: 노박덩굴(*Celastrus orbiculatus*)

> 유충시기: 9월 유충길이: 18mm
> 우화시기: 이듬해 4~5월 날개길이: 20mm 채집장소: 보성 제석산

유충 머리는 검은색이며, 회색 꽃무늬 같은 것이 대칭으로 있다. 잎을 붙이고 그 속에 실로 통로 같은 것을 만들고 지내며, 거기에 똥도 붙여 둔다. 똥을 붙인 고치를 틀고 번데기가 된다. 성충 앞날개는 회색이고, 내횡선은 흰색이며 후연 가까이에서 약간 외연 쪽으로 휜다. 내횡선 안쪽 후연에 크고 검은 무늬가 있고, 내횡선 바깥쪽 전연부에 검은 삼각 무늬가 있다. 아외연선도 흰색이고 중간쯤에서 외연 쪽으로 약간 둥글게 휜다.

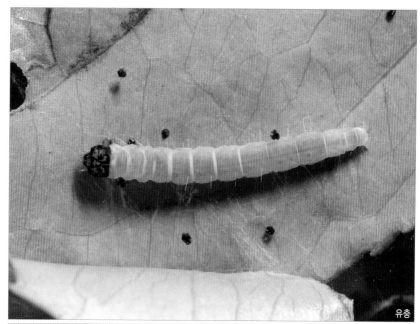

유충

성충

표본

L-3-3 **황색띠알락명나방** *Acrobasis flavifasciella*

먹이식물: 개암나무(*Corylus heterophylla* var. *thunbergii*), 개서어나무(*Carpinus tachonoskii*)

유충시기: 5~6월 유충길이: 15mm
우화시기: 6월 날개길이: 16mm 채집장소: 하남 검단산, 해남 미황사

유충 머리는 흑갈색, 앞가슴은 황갈색이고, 앞가슴과 가운데가슴 양쪽에 검은 점이 있다. 몸은 갈색인 개체, 녹색인 개체가 있다. 시든 잎에 실로 질긴 방을 짓고 그 잎을 새잎에 붙인 뒤에 시든 잎과 새잎을 먹고 지낸다. 잎을 붙이고 번데기가 되어 13일 지나면 우화한다. 성충 앞날개 내횡선은 황토색으로 뚜렷하고, 내횡선 중간에서 전연 가까이에 걸쳐 흰 삼각형 부분이 있고 그 안에 작고 검은 점이 있다.

유충 갈색형

유충이 잎을 붙인 모양

성충

유충 녹색형

표본

L-3-4 **애기솔알락명나방** *Dioryctria pryeri*

먹이식물: 소나무(*Pinus densiflora*)

유충시기: 6월   유충길이: 20mm

우화시기: 7월   날개길이: 21mm   채집장소: 함양 벽송사

유충 머리는 적갈색이고 몸은 검다. 새순 줄기 속을 파 들어가며 먹는다. 줄기 속에서 적당히 고치실 더미로 양쪽을 막고 우화할 구멍을 내어 놓고 번데기가 된다. 성충 앞날개는 적갈색과 흑갈색이 섞여 있다. 횡선은 흰색이며 아외연선은 바깥쪽으로 조금 휘었다. 내횡선과 아외연선 사이에 짧은 흰색 횡선이 있다.

* 하정옥 씨와 이정학 씨가 떨어진 솔가지 수십 개를 주워 힘들게 유충을 구해 주었다.

유충

번데기

성충

표본

L-3-5 **앞붉은명나방** *Oncocera semirubella*

먹이식물: 싸리(*Lespedeza bicolor*), 비수리(*Lespedeza cuneata*)

| 유충시기: 7월 유충길이: 18mm
| 우화시기: 8월 날개길이: 22~24mm 채집장소: 보성 제석산, 담양 금성산성

유충 머리와 앞가슴은 검은색이고 머리에 희미한 흰색 줄무늬가 있다. 잎을 여러 장 붙이고 질긴 통로 같은 방을 짓고 지낸다. 몸에는 옅은 쑥색과 연두색 줄이 번갈아 있다. 자기 똥을 잔뜩 붙인 고치를 틀고 번데기가 되어 2주가 지나면 우화한다. 성충 앞날개 전연에 흰색 줄이 있고 그 다음엔 자홍색 그 다음엔 노란색 부분이 있다. 콩과 식물을 먹는 것으로 알려졌다.

유충

노숙 유충

유충이 잎을 붙인 모양

똥 붙인 고치

성충

표본

L-3-6 **주황점알락명나방** *Pempelia maculata*

먹이식물: 여우팥(*Dunbaria villosa*)

유충시기: 8~9월 유충길이: 18mm
우화시기: 이듬해 5월 날개길이: 20mm 채집장소: 보성 제석산

유충 머리는 다갈색이고 앞가슴에는 가늘고 희미한 갈색 줄무늬가 있다. 몸에는 갈색과 회녹색 줄무늬가 번갈아 있다. 잎과 줄기를 실로 붙이고 그 속에 긴 통로를 만들어 똥도 붙이고 지저분하게 산다. 다자라면 똥을 붙인 고치를 튼다. 성충 앞날개는 새까맣고 후연 가까이 중간 부분에 주황색 눈알 무늬가 있다.

잎을 붙인 모양

똥을 붙인 고치

성충

유충

표본

L-3-7 **긴수염알락명나방** *Sandrabatis crassiella*

먹이식물: 자귀나무(*Albizzia julibrissin*)

유충시기: 7월 유충길이: 18mm
우화시기: 8월 날개길이: 19mm 채집장소: 순천 제석산

유충 머리는 연두색이고 양쪽으로 흑갈색 삼각 무늬가 있으며 그 아래에 초승달 무늬가 있다. 앞가슴
과 몸은 연두색이고 각 마디 사이는 노랗다. 줄기 끝의 작은 잎 몇 장을 붙이고 지내며 그 속에서 번데기
가 된다. 1주일 지나면 우화한다. 성충 수컷 더듬이 기절은 갈색 인편으로 부풀었다. 아랫입술수염은 갈
색이며 앞으로 뻗었다. 작은턱수염은 미백색 털 다발이며 옆으로 길게 뻗었다. 앞날개 중간 부분은 옅은
회황색이고 자주색 무늬가 있다.

유충

성충

표본

L

L-3-8 **국명 없음** *Salebriopsis monotonella*

먹이식물: 가래나무(*Albizzia julibrissin*)

유충시기: 6월, 9월 유충길이: 20mm
우화시기: 7월, 10월, 이듬해 5월 날개길이: 18~19mm 채집장소: 광양 서울대학술림

유충 머리는 노란색이고 긴 갈색 점무늬가 있다. 앞가슴은 녹색이고 갈색 점이 있다. 몸에는 약간 꼬불꼬불한 연갈색과 연두색 줄이 교대로 있다. 잎을 살짝 잡아당겨 실을 여러 가닥 쳐 놓고 그 아래에 산다. 여름형은 잎을 붙이고 번데기가 되어 14일 지나 우화했다. 9월에 기른 것은 잎을 붙이고 번데기가 되어 보름 만에 우화한 것도 있고, 흙 속에 들어가 고치를 틀고 이듬해 5월에 우화한 것도 있다. 성충 수컷 더듬이는 기부가 부풀었다. 앞날개 내횡선은 흰색이며 바깥쪽으로 경사진다. 아외연선 중간이 약간 흰다. 내횡선 바깥쪽 전연에 접해 검은 무늬가 있고, 내횡선 안쪽 후연에 접해 작고 검은 삼각 무늬가 있다. 횡맥에는 검은 점 2개가 떨어져 있다.

종령 유충

중령 유충

성충 암컷

표본 수컷

L-4-1 **두줄집명나방** *Epilepia dentata*

먹이식물: 개서어나무(*Carpinus tachonoskii*)

| 유충시기: 9월 유충길이: 20mm
| 우화시기: 이듬해 6월 날개길이: 22~32mm 채집장소: 순천 선암사

중령 유충 머리는 연갈색이며 갈색 무늬가 있고 몸에는 흑자색과 미색 줄무늬가 번갈아 있다. 종령 유충 몸은 흑갈색 줄무늬로 바뀌고 배마디마다 끝부분에 갈색 띠무늬가 있다. 유충은 실을 많이 쳐서 잎을 약간 오목하게 만들어 놓고 그 아래에 살면서 다른 여러 잎을 붙이고 들락거리며 잎을 먹다가 잎 사이에 막을 치고 번데기가 된다. 성충 앞날개는 내횡선과 외횡선이 뚜렷하고 내횡선은 중간에서 내연 쪽으로, 외횡선은 중간에서 외연 쪽으로 튀어나왔다. 내횡선과 외횡선 사이에 검은 점이 2개 있다.

종령 유충

중령 유충

성충

표본

125

L-4-2 **밑검은집명나방** *Orthaga onerata*

먹이식물: 느티나무(*Zelkova serrata*) , 단풍나무(*Acer palmatum*)

유충시기: 8~9월 유충길이: 19~20mm
우화시기: 이듬해 6월 날개길이: 21~22mm 채집장소: 광양 백운산휴양림, 순천 송광사

유충 머리는 연한 갈색이며 뒤쪽에 굵고 검은 무늬 3개 있으며 작고 검은 점이 있다. 몸은 연갈색이고 양쪽으로 희미한 갈색 줄이 있다. 잎을 여러 장 붙이고 그 속에 질긴 통로 같은 방을 짓고 지낸다. 흙 속에 들어가 고치를 틀고 번데기가 된다. 성충 앞날개 외횡선은 톱니 모양이며 가운데에서 외연 쪽으로 크게 휜다. 외횡선 바깥쪽은 검은색이고 안쪽은 녹색이다. 날개 가운데 부분이 흰색인 개체도 있고 녹색인 개체도 있다. 광식성으로 보인다.

유충

통로 같은 집

성충.
앞날개 가운데가 흰 개체

성충.
앞날개 가운데가 녹색인 개체

표본

표본

L-4-3 **애기검은집명나방** *Stericta kiiensis*

먹이식물: 층층나무(*Cornus controversa*)

유충시기: 8~9월 유충길이: 17~20mm
우화시기: 이듬해 5월 날개길이: 27mm 채집장소: 순천 선암사

유충 머리와 앞가슴은 검은색이고 앞가슴에는 연갈색 줄이 2개 있다. 몸은 연두색이며 검은 줄무늬가 있다. 유충 여러 마리가 함께 실을 쳐서 잎 여러 장을 둥글게 붙이고 똥도 실에 붙이고 지낸다. 흙 속에 들어가 고치를 튼다. 성충 앞날개 외횡선은 뚜렷하고 중간에서 외연 쪽으로 크고 둥글게 휜다. 그 안쪽에 둥글고 검은 부분이 있고 다시 그 안쪽은 녹색이며, 외횡선 바깥쪽은 검다. 날개 중간의 횡맥점은 검고 뚜렷하다.

노숙 유충

성충

표본

유충

L-4-4 **흰날개큰집명나방** *Teliphasa (Salma) albifusa*

먹이식물: 물푸레나무(*Fraxinus rhynchophylla*), 산딸기(*Rubus crataegifolius*), 당단풍(*Acer pseudo-sieboldianum*) 등 활엽수

유충시기: 8~9월   유충길이: 30mm

우화시기: 이듬해 5월   날개길이: 34mm   채집장소: 하남 검단산, 남양주 천마산, 순천 조계산

유충 머리와 몸 전체가 검은색이고 길고 흰 털이 있다. 배마디마다 기문 아래에 크고 노란 무늬가 있고 배다리도 노란색이다. 잎을 둥글게 원통 모양으로 말거나 잎 여러 장을 실로 묶고 그 속에서 들락이며 잎을 먹는다. 흙 속에 들어가 번데기가 된다. 성충 앞날개 중간에 넓은 흰색 띠가 있고 이 띠 안쪽과 바깥쪽은 짙은 녹색이다.

노숙 윗면

성충

표본

유충

L

L-4-5 **쌍줄집명나방** *Termioptycha bilineata*

먹이식물: 붉나무(*Rhus chinensis*)

유충시기: 8월 유충길이: 18~22mm
우화시기: 8월 날개길이: 21~26mm 채집장소: 나주 산림자원연구소

유충 머리는 황갈색이며 노란색 줄무늬가 있다. 가슴과 배 양쪽으로 굵은 자갈색 줄이 있다. 잎 위에 실로 막을 쳐 놓고 그 안에서 한 마리씩 지낸다. 잎을 붙이고 번데기가 되어 2주가 지나면 우화한다. 앞날개는 녹갈색이고, 내횡선은 전연에서 후연까지 비스듬하며, 외횡선은 바깥쪽으로 크게 돌출했다가 직선으로 후연에 닿는다. 외횡선 바깥쪽은 검은빛을 띤다.

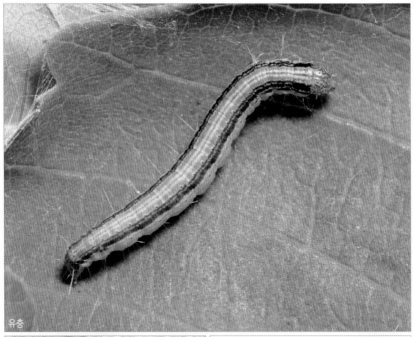
유충

성충

표본

L-4-6 **흰날개집명나방** *Termioptycha margarita*

먹이식물: 붉나무(*Rhus chinensis*)

유충시기: 6~7월 유충길이: 30mm
우화시기: 7월 날개길이: 28~30mm 채집장소: 광양 서울대학술림, 보성 제석산

중령 유충 머리와 몸은 연두색이고 몸 양쪽에 흑갈색 줄이 2개씩 있다. 종령 유충은 녹색이고 배 윗면에 노란색 줄이 2개 있다. 잎에 실을 여러 가닥 치고 그 실 아래에서 공중에 뜬 듯이 머문다. 주로 한 마리씩 산다. 실로 친 막 속에 자기 똥을 붙이고 번데기가 되어 18일 지나면 우화한다. 성충 앞날개 내횡선은 후연 가까이에서 바깥쪽으로 많이 튀어나오며 내횡선 안쪽은 쑥색이고(표본은 흑갈색으로 변함) 전연 중간에 쑥색 무늬가 있다. 횡맥문이 붙어 있다. 외횡선은 후연 가까이에서 기부 쪽으로 크게 휘고 외횡선 바깥쪽은 갈색이다.

종령 유충

중령 유충

성충

표본

131

L-4-7 **검은날개집명나방** *Lepidogma angusta*

먹이식물: 때죽나무(*Styrax japonica*)

유충시기: 8~9월   유충길이: 15mm
우화시기: 이듬해 5~7월   날개길이: 18~20mm   채집장소: 순천 선암사, 보성 제석산

유충 머리는 노란색이고, 앞가슴은 검은색이다. 몸은 노란색이고 양쪽에 갈색 줄무늬가 있다. 여러 마리가 잎을 붙이고 그 속에 긴 통로를 내며 똥을 붙이고 지저분하게 산다. 흙 속에 들어가 고치를 튼다. 성충 앞날개 외횡선은 외연 쪽으로 둥글게 휘었고 연한 녹두색이다. 전연 부분도 녹두색이다. 그 외는 흑갈색 인편으로 덮었고 횡맥문은 검은색으로 뚜렷하다.

중령 유충과 집

성충

종령 유충

표본

L-4-8 **국명 없음** *Stericta flavopuncta*

먹이식물: 굴피나무(*Platycarya strobilacea*)

유충시기: 9월　유충길이: 15mm

우화시기: 이듬해 6~7월　날개길이: 15~17mm　채집장소: 순천 선암사, 고창 선운사

유충 머리와 앞가슴은 연갈색이고 머리에는 갈색 무늬가 있다. 몸은 백록색이며 갈색 줄무늬가 있다. 유충 여러 마리가 같이 실로 잎 여러 장을 길게 붙이고 그 속에 긴 통로를 내며 똥도 붙이고 지낸다. 성충 앞날개 내횡선은 직선으로 후연에 닿고 안쪽은 녹색이다. 외횡선은 둥글게 바깥으로 휘고 그 바깥쪽과 안쪽은 녹색이다. 횡맥문은 검은색으로 뚜렷하다. 수컷 더듬이 기저에는 곤봉 같은 긴 자루가 있다.

유충

성충

표본

L-4-9 **줄보라집명나방** *Lista ficki*

먹이식물: 시든 잎(Withered leaves)

유충시기: 8~9월 유충길이: 25mm

우화시기: 이듬해 6월 날개길이: 20mm 채집장소: 장흥 천관산동백숲

유충 머리는 흑갈색이며 희미한 연갈색 무늬가 있다. 몸은 흑자색과 회색이 섞여 있으며 배마디 사이는 붉은색과 베이지색이 섞여 있다. 시든 잎 속에서 실을 여러 가닥 치고 공중에 약간 뜨듯이 머문다. 잎을 붙이거나 흙 속에 들어가 번데기가 된다. 성충 앞날개는 노란색이며 기부와 전연에는 녹갈색 비늘이 흩어져 있다. 횡선은 보라색이다. 아외연선 바깥쪽은 밝은 적갈색이며 시맥은 베이지색이다. 머리에는 광택이 도는 길고 노란 털 다발이 있다.

유충

성충

표본

L-4-10 **제주집명나방** *Orthaga olivacea*

먹이식물: 목련(*Magnolia kobus*), 후박나무(*Machilus thunbergi*)

유충시기: 8~9월   유충길이: 23mm

우화시기: 이듬해 6월   날개길이: 24~25mm   채집장소: 완도수목원, 장흥 천관산동백숲

유충 머리는 흑갈색이며 황갈색 줄무늬가 중간에 2개 있고 양쪽에 n자 모양으로 흰 무늬가 있다. 배 윗면 중간은 황갈색이며 양쪽에 굵고 검은 줄이 있다. 여러 마리가 잎 2장 또는 여러 장을 단단히 붙이고 그 속에 질긴 통로를 내며 똥도 붙여 놓고 함께 산다. 흙 속에 들어가 번데기가 된다. 성충 앞날개는 갈색이며 녹색 비늘이 흩어져 있다. 외횡선은 톱니 모양이고 중간에서 외연 쪽으로 크게 튀어나왔다. 내횡선 바깥쪽 전연 가까이에 한쪽이 뚫린 검은 고리 무늬가 있다.

종령 유충

중령 성충

성충

표본

135

M-1-1 **배추순나방** *Hellula undalis*

먹이식물: 배추(*Brassica campestris* subsp. *napus* var. *pekinensis*)

유충시기: 7월 유충길이: 15mm
우화시기: 8월 날개길이: 17mm 채집장소: 광양 백운산

유충은 약간 통통하며 머리는 몸에 비해 아주 작고 검은색이다. 앞가슴은 옅은 회색이며 작고 검은 점이 있다. 몸에는 적갈색 줄이 5개 있다. 어린 배추 속을 먹으며 다 자라면 그 속에서 번데기가 되고 10일 정도 지나면 우화한다. 앞날개는 회갈색이며 중횡선 바깥쪽은 흰색이고, 외횡선 안쪽으로 리본 같은 짙은 갈색 무늬가 있다. 뒷날개는 광택이 있는 흰색이다. 십자화과 식물의 주요 해충이며 1년에 여러 차례 나오는 것으로 보인다.

유충

성충

표본

M-2-1 **홀씨무늬들명나방** *Nosophora (Analthes) semitrialis*

먹이식물: 철쭉(*Rhododendron schlippenbachii*)

유충시기: 6~7월 유충길이: 28mm
우화시기: 7월 날개길이: 25mm 채집장소: 순천 선암사

중령 유충 머리는 살구색이고 몸은 녹색이다. 기문은 검은색이고 가운데·뒷가슴과 8배마디 양쪽에 크고 검은 점무늬가 있다. 종령 유충 머리는 검은색으로 변한다. 잎을 붙이고 번데기가 되어 13일 지나면 우화한다. 성충 앞날개와 뒷날개에 크고 흰 무늬가 있다. 외국에서의 먹이식물을 볼 때 광식성으로 보인다.

중령 유충

성충

종령 유충

표본

M-2-2 **각시뾰족들명나방** *Anania verbascalis*

먹이식물: 등골나물(*Eupatorium chinense* var. *simplicifolium*), 개망초(*Erigeron annuus*)

유충시기: 7월, 8월   유충길이: 18mm

우화시기: 8월, 10월   날개길이: 21~23mm   채집장소: 구례 피아골, 담양 금성산성

유충 머리는 살구색, 몸은 회백색이다. 가슴마다 양쪽에 검은 점이 있다. 잎과 줄기의 마디 사이에 실을 쳐 놓고 지낸다. 잎을 붙이고 번데기가 되어 여름형은 11일 지나 우화하며, 가을형은 한 달이 지나 우화 하는 것도 있고 월동에 들어가는 것도 있다. 성충 앞날개 외횡선은 바깥쪽으로 거의 곧게 뻗다가 2/3 지점에서 기저로 갑자기 꺾여 후연에 직선으로 내려온다. 앞뒤 날개 모두 희미하지만 굵은 아외연선이 있다. 연모 안쪽 반은 흑갈색이고 바깥쪽 반은 흰색이다. 여름형보다 가을형에 갈색 선점 비늘이 더 많다.

유충

성충 여름형

성충 가을형

표본

M-2-3 **은빛들명나방** *Cirrhochrista brizoalis*

먹이식물: 천선과나무(*Ficus erecta*) 과육

유충시기: 10월　유충길이: 15mm
우화시기: 11월　날개길이: 20mm　채집장소: 여수 금오산

중령 유충 머리는 검은색이다. 종령 유충 머리는 황갈색이고 앞가슴 가장자리는 검은색이다. 몸은 연한 초콜릿색이다. 천선과나무 열매의 과육을 먹고 똥을 바깥쪽으로 내어 붙여 놓는다. 사육 시 다 자란 유충은 오아시스에 들어가 번데기가 되었다. 성충 날개는 흰색이고, 전연은 주황색이며 갈색으로 둘러싸인 주황색 삼각 무늬가 3개 있다.

종령 유충

중령 유충

유충이 먹은 과육

성충

표본

M-2-4 **복숭아명나방** *Conogethes punctiferalis*

먹이식물: 밤나무(*Castanea crenata*) 열매

| 유충시기: 9월 | 유충길이: 18mm |
| 우화시기: 이듬해 5월 | 날개길이: 26mm | 채집장소: 하남 검단산, 광양 서울대학술림 |

유충 머리와 앞가슴은 검은색이다. 노숙 유충 앞가슴은 옅은 황갈색이고 머리는 갈색이다. 밤알을 주로 먹으나 밤송이 껍질의 살도 먹었다. 밤애기잎말이나방 유충, 바구미 유충과 같이 있을 때도 많다. 복숭아 명나방 유충은 똥을 과육 구멍으로 내미나, 바구미 유충은 똥을 과육 바깥으로 내어놓지 않는 것으로 구 별할 수 있다. 유충으로 월동하며, 밤이나 흙 속에 고치를 틀고 번데기가 된다. 성충 날개는 노란색이며 검은 점무늬가 많다. 복숭아와 밤의 해충으로 알려졌다.

밤 속의 노숙 유충

성충

종령 유충

표본

M-2-5 **작은복숭아명나방** *Conogethes pinicolalis*

먹이식물: 소나무(*Pinus densiflora*)

유충시기: 7월, 9월, 10~11월 유충길이: 15~20mm

우화시기: 8월, 11월, 이듬해 5월 날개길이: 20~25mm 채집장소: 보성 제석산, 순천 송광사, 광양 백운산

중령 유충 머리는 밝은 적갈색, 앞가슴은 흑갈색, 몸은 녹색이다. 노숙 유충이 되면 앞가슴이 옅어져 황갈색이 된다. 복숭아명나방 유충과 생김새가 아주 비슷하나, 종령 유충 머리 색깔이 다르고 몸도 녹색을 띤다. 소나무 새순 여러 장을 단단히 붙여 그 속에 방을 짓고 지내며 똥도 같이 붙여 놓아 눈에 쉽게 띈다. 붙인 잎 속에 방을 짓고 그 속에서 어린 유충 상태로 월동한 뒤에 이른 봄에 다시 더 먹고 종령 유충이 되며, 번데기가 된다. 성충 날개는 복숭아명나방과 생김새가 아주 유사해 구별이 어렵다. 봄과 여름에 우화한 개체는 뒷날개 후연 부분에 점이 퍼져 있어서 복숭아명나방과 구별되나, 가을에 우화하는 종은 그렇지 않아 구별이 어렵다. 1년에 3회 이상 발생하는 것으로 보인다.

종령 유충

중령 유충

노숙 유충

성충

유충이 소나무 잎을 붙인 모양

표본

M-2-6 **목화바둑명나방** *Diaphania indica*

먹이식물: 호박(*Cucurbita moschata*)

유충시기: 10월 유충길이: 20mm
우화시기: 11월 날개길이: 29mm 채집장소: 광양 죽림마을

중령 유충 머리는 미색이고 몸은 녹색이다. 잎 뒷면에서 잎 한쪽 면만 먹는다. 종령 유충 머리는 연두색
이며, 몸은 녹색이고, 배 윗면 양쪽에 흰색 줄이 있다. 잎을 실로 접어 붙이고 잎 전체를 먹는다. 잎을 붙
이고 번데기가 되어 2주가 지나면 우화한다. 성충 앞뒤 날개 둘레가 검은 띠로 둘려 있어 알아보기 쉽다.
박과 식물과 아욱과 식물의 해충이다.

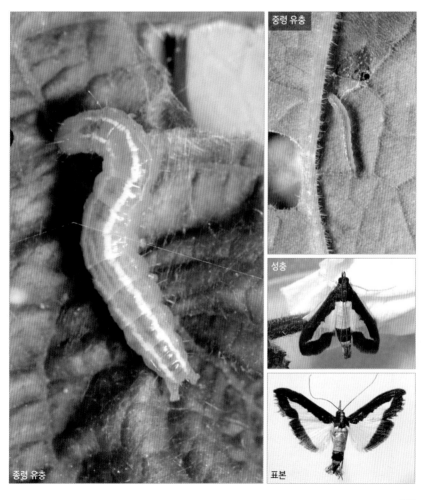

중령 유충

성충

표본

종령 유충

M-2-7 **띠무늬들명나방** *Glyphodes duplicalis*

먹이식물: 닥나무(*Broussonetia kazinoki*)

> 유충시기: 8월   유충길이: 18mm
> 우화시기: 8월   날개길이: 21.5mm   채집장소: 순천 선암사

중령 유충은 몸에 검은 점이 많다. 종령 유충은 가슴 점은 크지만 배 점은 상대적으로 작다. 머리는 노란
색이고 앞가슴에는 크고 둥글고 검은 점이 양쪽에 있다. 종령 유충은 뽕나무명나방과 생김새가 거의 비
슷해 구별이 잘 되지 않는데, 뽕나무명나방은 앞가슴 양쪽 검은 점이 작고, 그 사이에 아주 작고 희미한
갈색 점이 있다. 잎을 접어 붙이고 지내며, 잎을 붙이고 번데기가 된 뒤 1주일 만에 우화한다. 성충도 뽕
나무명나방과 생김새가 아주 유사한데, 뒷날개 검은 띠무늬의 폭이 1/3 정도 넓은 것으로 구별한다.

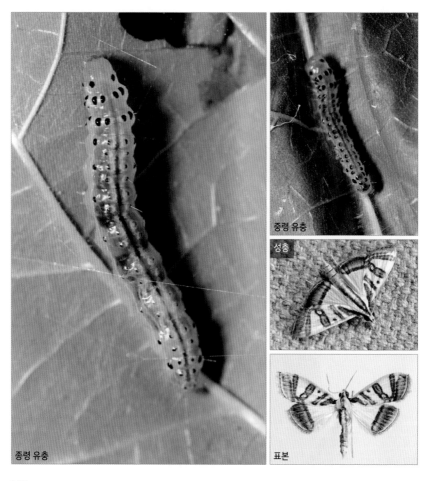

종령 유충

중령 유충

성충

표본

M-2-8 **네눈흰색들명나방** *Lygropia yerburii*

먹이식물: 물봉선(*Impatiens textori*)

유충시기: 9~10월 유충길이: 18mm
우화시기: 이듬해 8월 날개길이: 29mm 채집장소: 가평 석용산, 남양주 천마산

유충 머리는 미색이며 갈색 무늬가 있고, 앞가슴 양쪽에 검은 점무늬가 있다. 몸은 미색이며 양쪽에 붉은 줄이 있다. 꽃과 열매를 실로 붙이고 꽃봉오리와 씨앗을 파먹으며, 이것이 없으면 잎을 먹기도 한다. 다 자란 유충은 잎을 붙이거나 흙 속에 들어가 고치를 튼다. 성충 앞뒤 날개는 흑갈색이며 앞날개에는 기부 1/3 지점에 작은 미색 무늬, 2/3 지점에 큰 미색 무늬가 있다. 뒷날개에도 내횡선과 외횡선 사이에 넓고 흰 무늬가 있다. 1년에 1회 발생한다.

꽃봉오리를 먹는 유충

성충

종령 유충

표본

M-2-9 **줄노랑들명나방** *Paratalanta pandalis*

먹이식물: 해장죽(*Arundinaria simonii*), 솜대(*Phyllostachys nigravar var. henonis*)

유충시기: 7월~이듬해 3월   유충길이: 20mm

우화시기: 이듬해 5월   날개길이: 24~25mm   채집장소: 보은 구병산, 보성 제석산

유충 머리는 주황색이다. 앞가슴은 옅은 황적색으로 투명하며 양쪽에 둥근 갈색 점이 있고 그 사이에 작은 점 4개가 반원처럼 있다. 가운데가슴과 뒷가슴, 배에도 검은 점이 있고, 노숙 유충이 되면 배에 있는 점은 희미해진다. 잎을 여러 장 말아 바깥을 실로 박음질하고 그 속의 잎을 먹으며 똥도 거기에 붙여 놓고 지낸다. 붙인 잎 속에서 유충 상태로 겨울을 난다. 성충 앞날개는 황토색이고, 외횡선은 톱니 모양이며 바깥쪽으로 둥글게 휜다. 중실 끝에 초승달 무늬가 있다. 아외연선은 굵고 넓은 점으로 이루어진다. *Demobotys pervulgalis*와 생김새가 아주 유사해 재동정이 필요하다.

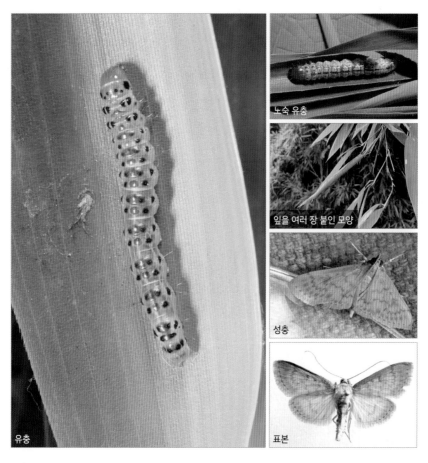

노숙 유충

잎을 여러 장 붙인 모양

성충

유충

표본

M-2-10 **큰노랑들명나방** *Pagyda (Paliga) ochrealis*

먹이식물: 참오동나무(*Paulownia tomentosa*)

유충시기: 7~8월   유충길이: 23mm

우화시기: 7~8월, 이듬해 5월   날개길이: 25~26mm   채집장소: 광양 백운산

유충 머리는 미백색이고, 가슴은 연한 노란색, 배는 우윳빛이다. 나뭇잎이 크면 잡아당겨 접어서 먹는다. 접은 잎 위에 구멍이 숭숭 뚫린 흰 막을 치고 그 속에서 번데기가 된다. 8월에 기른 유충 가운데는 8월에 우화한 것도 있고 이듬해 봄에 우화한 것도 있다. 성충 날개는 노란색이며 횡선은 색이 더 짙다. 1년에 2회 출현하는 것으로 보인다.

고치

성충

유충

표본

M-2-11 **선비들명나방** *Polythlipta liquidalis*

먹이식물: 쥐똥나무(*Ligustrum obtusifolium*)

유충시기: 7월, 8월 유충길이: 30mm

우화시기: 7월, 9월 날개길이: 32~37mm 채집장소: 순천 선암사, 구례 화엄사

초령 유충은 잎 한쪽 면만 먹는다. 중령 유충이 되면 머리는 노래지고, 몸에는 검은 점이 많아진다. 종령 유충은 머리와 가슴, 배 아랫면은 노란색이고 배 윗면은 흰색이며, 몸 전체에 검은 점이 많다. 어려서는 여러 마리가 실로 잎 여러 장을 둥글게 묶고 같이 모여 산다. 종령 유충이 되면 한 마리가 잎 한 장을 차지하며 살고, 잎과 가지 사이에 매달려 번데기가 되었다가 10일 지나면 우화한다. 성충 날개는 흰색이며 주황색과 갈색 무늬가 섞여 있다. 생활사로 유추컨대 1년에 2~3회 발생하는 것으로 보인다. 물푸레나무과 식물을 먹는다.

초령 유충

중령 유충

번데기

성충

종령 유충

표본

M-2-12 **구름무늬들명나방** *Tylostega tylostegalis*

먹이식물: 느티나무(*Zelkova serrata*)

유충시기: 7월, 8월   유충길이: 13mm

우화시기: 7~8월, 이듬해 5월   날개길이: 16~18.5mm   채집장소: 순천 조계산, 괴산 화양계곡

유충 머리는 살구색이고 앞가슴 양쪽에 검은 점무늬가 있다. 잎 2장을 포개어 붙이고 한쪽 면을 먹는다. 잎을 타원형으로 잘라 붙이고 번데기가 되며, 여름형은 2주 지나면 우화한다. 성충 날개는 황갈색이고 횡선은 흑갈색이며 횡선 안쪽으로 흑갈색 무늬가 있다.

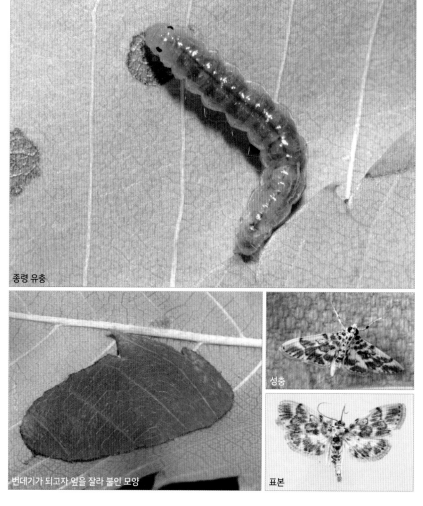

종령 유충

번데기가 되고자 잎을 잘라 붙인 모양

성충

표본

M-2-13 **줄허리들명나방** *Sinibotys evenoralis*

먹이식물: 솜대(*Phyllostachys nigra* var. *henonis*), 오죽(*Phyllostachys nigra*)

| 유충시기: 5월, 9~12월 유충길이: 22mm
| 우화시기: 5~6월, 이듬해 3월 날개길이: 25~28mm 채집장소: 고창 고인돌공원, 곡성 태안사

유충 머리는 주홍색이며, 앞가슴에는 검은 점이 있다. 몸 마디마다 가운데에 굵고 검은 줄무늬가 있고 양쪽에 검은 점이 있다. 잎을 세로로 길고 둥글게 박음질해 붙이고 지낸다. 9월에 채집한 유충은 12월 10일에 잎을 붙였다가 3월에 우화했고, 5월 13일에 채집한 잎에 싸여 있던 유충은 5월 31일에 우화했다. 이로 보아 유충으로 월동하는 것으로 보이고, 1년에 2회 발생하는 듯하다. 성충 앞날개는 노란색이며, 전연 부분과 아외연 부분, 횡선은 흑갈색이다. 전연 근처의 외횡선이 직선에 가까운 것으로 유사종과 구별했으나 생식기 검경이 필요하다.

종령 유충

유충이 잎을 붙인 모양

성충

표본

M-2-14 **점붙이들명나방** *Tabidia strigiferalis*

먹이식물: 사시나무(*Populus davidiana*)

유충시기: 6월, 9월   유충길이: 15mm
우화시기: 7월   날개길이: 17~19mm   채집장소: 광양 서울대학술림

유충 머리는 미색이고 갈색 줄무늬가 있다. 앞가슴 양쪽에 크고 검은 점무늬가 있다. 몸은 우윳빛이다. 여러 마리가 모여 살며, 잎 2장 곳곳에 질긴 실을 빽빽이 붙여 거의 달라붙도록 하고 그 속에서 잎 한쪽 면만 먹고 지낸다. 여름형은 잎을 붙이고 번데기가 되어 1주일 지나면 우화한다. 성충 앞날개는 폭이 좁고 둥근 편이며, 아외연선은 갈색 둥근 점들로 이루어지고, 아외연선 바깥쪽은 연갈색이며, 안쪽에는 갈색 점들이 흩어져 있다. 뒷날개는 투명한 흰색이다. 1년에 2회 발생한다.

종령 유충

무리 지어 사는 유충

성충

표본

M-2-15 **앞흰무늬들명나방** *Hemopsis dissipatalis*

먹이식물: 개다래(*Actinidia polygama*)

유충시기: 8월 유충길이: 20mm
우화시기: 이듬해 5월 날개길이: 24mm 채집장소: 양평 비솔고개

유충 머리는 검은색이고 앞가슴 양쪽에 작고 희미한 검은 점이 있으며, 몸은 미색이다. 아래 사진 속 개체는 노숙 유충이어서 붉게 변한 것이다. 잎을 붙인 뒤에 바깥 왁스층을 남기고 먹는다. 잎을 붙이고 그 속에서 유충으로 겨울을 난다. 성충 앞날개는 보랏빛 광택이 나는 흑갈색이며 노란색 큰 무늬가 하나, 작은 무늬가 2개 있다. 뒷날개 기부는 노란색이며 그 속에 흑갈색 가락지 무늬가 있고, 그 아래에 줄무늬도 있다.

노숙 유충

성충

표본

M-2-16 **뒤흰들명나방** *Mecyna (Uresiphita) gracilis*

먹이식물: 꼭두서니(*Rubia akane*)

> 유충시기: 4월 유충길이: 25mm
> 우화시기: 5월 날개길이: 23mm 채집장소: 구례 오산, 순천 왕의산

유충 머리는 살구색이며 커다란 검은 무늬가 양쪽에 있고, 앞가슴에도 크고 검은 무늬가 있다. 몸은 미백색이며 많은 검은색 점무늬가 줄지어 있다. 어린잎을 주로 먹는다. 잎을 붙이고 번데기가 되어 16일 지나면 우화한다. 성충 앞날개 바탕은 노란색이며, 횡선, 전연 부분과 아외연선 바깥쪽은 흑갈색이다. 전연에 접해 흑갈색 사각 무늬가 2개 있고 날개 중간에 흑갈색 가락지 무늬도 있다. 외횡선과 아외연선 사이는 마치 벌집 모양 같다.

노숙 유충

성충

유충

표본

M-2-17 **얼룩들명나방** *Bocchoris aptalis*

먹이식물: 계요등(*Paederia scandens*)

유충시기: 7~8월　유충길이: 18mm
우화시기: 7~9월　날개길이: 20~21mm　채집장소: 구례 오산, 담양 금성산성

유충 머리는 노란색이며 몸은 투명한 쑥색이다. 창나방 유충처럼 잎자루를 약간 잘라 놓고, 잎을 돌돌
말아 그 속에서 말린 잎을 먹는다. 다 자라면 말은 잎 밑을 붙이고 번데기가 되어 9일 지나면 우화한다.
노랑무늬들명나방 유충도 같은 시기에 같은 식물을 먹는데 잎을 반으로 접거나 붙이고 먹어서 얼룩들
명나방 유충과 구별할 수 있다. 성충 날개는 노란색이며 횡선과 외횡선 바깥쪽은 흑갈색인데, 앞날개와
뒷날개 시정 가까운 곳 외횡선 바깥쪽에는 작고 노란 무늬가 있다.

노숙 유충

잎을 말아 놓은 모양

성충

유충

표본

M-2-18 **국명 없음** *Sinibotys butleris*

먹이식물: 솜대(*Phyllostachys nigra* var. *heronis*)

유충시기: 7~8월 유충길이: 30mm
우화시기: 이듬해 5월 날개길이: 28mm 채집장소: 담양 금성산성

중령 유충 머리는 노란색이며 주황색 무늬가 있다. 앞가슴 양쪽에 둥글고 검은 무늬가 있다. 몸에는 흰색 줄이 2개 있고, 배 끝에는 검은 점이 있다. 종령 유충이 되면 머리 무늬가 갈색으로 변한다. 잎에 실을 많이 쳐서 잎을 약간 오므라트리고 지내며 그 속에서 잎을 가지런히 먹으며 내려온다. 잎 사이에 질긴 고치를 틀고 그 속에서 유충으로 월동한 뒤에 봄에 번데기가 되어서 우화한다. 성충 앞날개는 긴 삼각형이며 기부에서 2/3 지점 전연의 사각 무늬와 날개 외연 부분의 노란색을 제외하고 보랏빛이 도는 검은색이다.

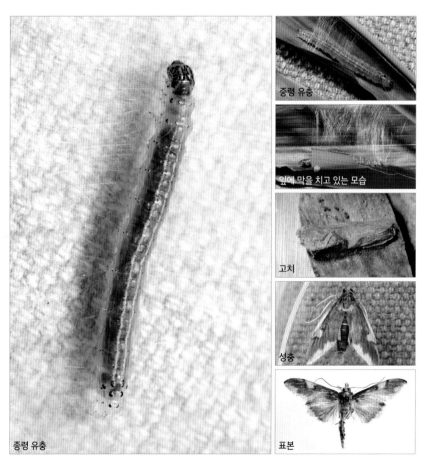

중령 유충

잎에 막을 치고 있는 모습

고치

성충

종령 유충

표본

N-1 꼬마흰띠알락나방 *Pseudopidorus fasciatus*

먹이식물: 검노린재나무(*Symplocos paniculata*)

유충시기: 4~5월 유충길이: 20mm
우화시기: 7월 날개길이: 29mm 채집장소: 순천 왕의산

유충은 노란색이고 배 윗면 가운데에 검은 줄이 있으며, 각 마디 양옆에는 검은 테로 싸인 눈알 무늬가
있다. 1, 2배마디 양옆 아래쪽에 둥근 빨간색 무늬가 있다. 항상 머리와 가슴을 밑으로 감추고 있다. 잎을
약간 오므라트려 거품 같은 흰 왁스로 막을 만들고 그 속에 질긴 고치를 튼 뒤 2달이 지나면 우화한다.
성충 앞날개는 푸른빛 광택이 나고 노란색 사선 무늬가 있어 동정이 쉽다.

유충

고치

성충

표본

N-2 **실줄알락나방** *Hedina consimilis*

먹이식물: 담쟁이덩굴(*Parthenocissus tricuspidata*), 왕머루(*Vitis amurensis*)

> 유충시기: 5월　유충길이: 18mm
> 우화시기: 이듬해 3월　날개길이: 25mm　채집장소: 인제 계명산

유충 머리는 가슴 안으로 들어가 있어 잘 보이지 않는다. 몸은 검은색이고 배 윗면에 둥글고 흰 무늬가 배마디마다 2개씩 있고, 둥근 무늬 안에 검은 털 다발이 솟았다. 배 양옆의 원은 노란색이다. 위험을 느끼면 몸을 움츠린다. 흙 속에 얇은 갈색 막으로 된 반원형 고치를 틀고 번데기가 된다. 성충 날개는 투명하며 시맥은 흑갈색이다. 배는 청록색 광택이 난다. 1년에 1회 발생한다.

유충

유충

고치와 우화 탈피각

성충

표본

N-3 **포도유리날개알락나방** *Hedina tenuis*

먹이식물: 왕머루(*Vitis amurensis*), 담쟁이덩굴(*Parthenocissus tricuspidata*)

유충시기: 5~7월   유충길이: 15~20mm

우화시기: 이듬해 4월   날개길이: 26mm   채집장소: 구례 시암재

초령 유충은 미색이며 길고 흰 털이 있다. 종령 유충은 노란색이며 쑥색 줄이 배 윗면 양쪽에 2개씩 있다. 짧고 흰 방사형 털 다발이 있으며, 그 속의 긴 털은 검은색이다. 흙 속에 들어가 막으로 된 흑갈색 반타원형 고치를 딱딱한 곳에 붙이고 번데기가 된다. 성충 날개는 투명하며 시맥은 검은색이고, 앞날개 후연 부분도 검은색이다. 흔한 종인데, 성충으로 우화시키기는 어려웠다. 1년에 1회 발생한다.

종령 유충

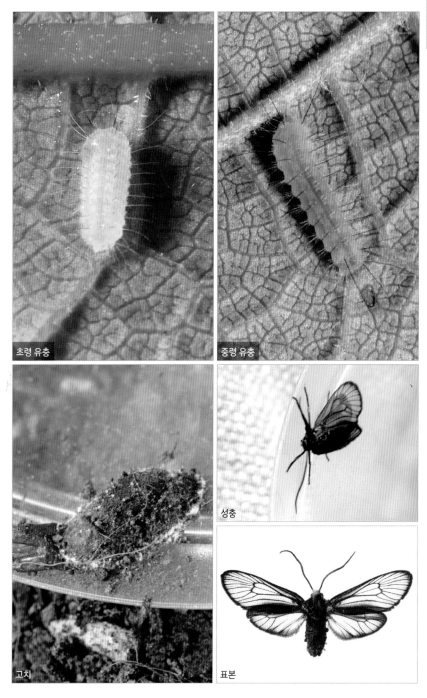

초령 유충

중령 유충

성충

고치

표본

N-4 **장미알락나방** *Illiberis assimilis*

먹이식물: 찔레(*Rosa multiflora*), 벚나무(*Prunus serrulata* var. *spontanea*) 등 장미과 식물

유충시기: 8~9월　유충길이: 15mm
우화시기: 이듬해 5~6월　날개길이: 21~24mm　채집장소: 순천 왕의산, 광양 백운산

유충 머리는 황토색이며 작고 대개 가슴 안으로 들어가 있어 잘 보이지 않는다. 몸은 자흑색이며 짧고 흰 털이 털구멍마다 방사형으로 나 있다. 항문판은 황토색이다. 나무 같은 딱딱한 곳에 한지처럼 질긴 미색 고치를 트는데, 고치 형태가 일정하지는 않다. 성충 더듬이와 몸은 흑청색 광택이 난다. 날개는 투명하며 앞날개 전연 반과 후연 부분은 검다. 늦여름부터 초가을에 걸쳐 찔레에 대발생하는 경우가 많다.

유충

유충

고치

성충

번데기

표본

O-1-1 **황줄갈고리나방** *Nordstromia grisearia*

먹이식물: 졸참나무(*Quercus serrata*)

유충시기: 6~8월 유충길이: 15~18mm
우화시기: 7~8월 날개길이: 24~29mm 채집장소: 광양 한재, 순천 낙안민속휴양림

초령 유충은 미색과 연갈색이 섞여 있다. 나뭇잎 끝에 붙어서 잎 한쪽 면만 먹는다. 종령 유충은 연갈색, 붉은색 등 색상 변이가 있으며, 잎 전체를 다 먹는다. 황줄점갈고리나방 유충과 거의 구별되지 않는다. 황줄갈고리나방 유충은 머리 중간에 깔때기 무늬가 뚜렷이 있다. 이 점이 황줄점갈고리나방과 차이가 나는 것인지는 더 확인해 볼 필요가 있다. 잎을 붙이고 번데기가 되어 8~10일 지나면 우화한다. 성충도 황줄점갈고리나방과 거의 구별되지 않는데, 황줄갈고리나방은 앞뒤 날개 아랫면에 횡맥점이 없으나 황줄점갈고리나방은 있다.

초령 유충

성충

표본 윗면

표본 아랫면

종령 유충

O-1-2 **밤색갈고리나방** *Drepana curvatula*

먹이식물: 물오리나무(*Alnus hirsuta*)

유충시기: 6월 유충길이: 22mm
우화시기: 6월 날개길이: 32~40mm 채집장소: 광양 서울대학술림

유충 머리에 노란색 반원 무늬가 있다. 몸은 자주색과 녹색이 섞여 있으며, 배마디마다 양쪽에 작은 돌기가 있다. 몸 아랫면은 녹색이다. 배 끝에는 짧고 뾰족한 돌기가 있다. 실 몇 가닥으로 잎을 대강 접어 붙이고 그 속에서 붙인 잎을 먹으며 지낸다. 잎을 붙이고 번데기가 되어 9일 지나면 우화한다. 성충 날개는 노란색이거나 갈색이고, 횡선은 갈색 물결 모양이며, 횡맥문에 있는 점무늬 2개는 흑갈색으로 뚜렷하다. 자작나무과 식물을 먹는다.

중령 유충

유충이 잎을 붙인 모양

성충 갈색형

종령 유충

표본 황색형

O-1-3 **남방노랑갈고리나방** *Tridrepana crocea*

먹이식물: 종가시나무(*Quercus glauca*)

유충시기: 5월　유충길이: 35mm
우화시기: 5월　날개길이: 45mm　채집장소: 완도식물원

유충은 회갈색이고, 2, 3가슴마디와 2, 8배마디에 채찍처럼 긴 돌기가 1쌍 있으며, 배 끝에도 긴 돌기가
1개 있다. 나머지 마디에는 아주 작은 돌기가 1쌍씩 있다. 잎을 붙이고 번데기가 되어 8일 지나면 우화
한다. 앞날개는 짙은 노란색이고, 점줄로 된 아외연선에 둥글고 검은 무늬가 2개 있다. 뒷날개는 노란
색이다.

유충

유충

성충

표본

O-1-4 **얼룩갈고리나방** *Auzata nigrata*

먹이식물: 말채나무(*Cornus walteri*)

유충시기: 7월 유충길이: 15mm

우화시기: 7월 날개길이: 20~21mm 채집장소: 광양 백운사길

유충 머리 뒤쪽으로 검은 줄, 흰 줄, 검은 줄로 된 반원 무늬가 있다. 몸은 녹색이고 배 끝에는 적자색 긴 돌기가 있다. 잎을 약간 접어 붙이고 번데기가 되며 6일 지나 우화한다. 성충 앞날개 내횡선과 아외연선은 회색이며, 내횡선은 중간에서 끊긴다. 외횡선 중간에 큰 갈색 무늬가 있다. 우리나라 고유종이다.

유충

번데기가 되려고 잎을 붙인 모양

성충

표본

O-1-5 **남방흰갈고리나방** *Deroca inconclusa coreana*

먹이식물: 산딸나무(*Cornus kousa*)

유충시기: 7월 유충길이: 18mm

우화시기: 7월 날개길이: 26mm 채집장소: 순천 조계산

유충 머리는 연한 살구색이고 갈색 줄무늬가 있다. 몸은 녹색이고 배 끝에는 뾰족한 분홍색 돌기가 있다. 잎 뒤에 매달려 녹색 번데기가 되고 8일 지나면 우화한다. 성충 날개는 흰색으로 투명하며, 횡맥문 끝과 아외연과 외연에 검은 무늬가 있다.

유충

잎 뒤에 매달린 번데기

성충

표본

O-1-6 **큰갈고리나방** *Oreta insignis*

먹이식물: 굴거리(*Daphniphyllum macropodum*)

| 유충시기: 6월, 10월 유충길이: 28mm
| 우화시기: 7월, 10월 날개길이: 31~37mm 채집장소: 완도수목원

중령 유충은 갈색과 회색이 섞여 있고 옆에서 보면 배 부분에 완만하고 편평한 산 무늬가 있다. 배 끝에 긴 돌기가 있다. 종령 유충이 되면 붉은색을 띤 갈색형과 흑색형이 나타난다. 주로 어린잎을 먹고 지내며 딱딱한 잎을 먹기도 한다. 잎을 세로로 길게 말고 번데기가 되어 10일 지나면 우화한다. 성충 날개는 회갈색이며 날개 끝에서 후연 중간까지 갈색 사선이 있고 날개 끝부분은 조금 검다. 1년에 3회 발생하는 것으로 보인다.

종령 유충 갈색형

종령 유충 흑색형

성충

중령 유충

표본

O-1-7 **멋쟁이갈고리나방** *Oreta loochooana timula*

먹이식물: 덜꿩나무(*Viburnum erosum*), 백당나무(*Viburnum sargentii*)

유충시기: 5~6월, 8~9월 **유충길이:** 22mm
우화시기: 6월 **날개길이:** 30mm **채집장소:** 구례 오산, 나주 산림자원연구소, 남원 뱀사골

유충은 회색형과 갈색형이 있다. 가슴에는 넓게 회색이나 황갈색 무늬가 있고, 뒷가슴에는 알갱이 같은
것으로 된 돌기가 있는데 끝부분은 약간 휘었다. 2, 3, 4배마디에 걸쳐 반원 무늬가 있다. 몸 전체에 작은
알갱이 같은 털이 있다. *Oreta* 속 유충은 색 변이도 많고 생김새도 아주 비슷하다. 성충도 생김새가 아주
유사한데, 멋쟁이갈고리나방은 앞날개 시정에서 시작된 노란 줄무늬가 후연까지 이어지고 후연 가까이
에서 직각으로 만나는 것으로 유사종과 구별했다.

종령 유충 황색형

종령 유충 황색형

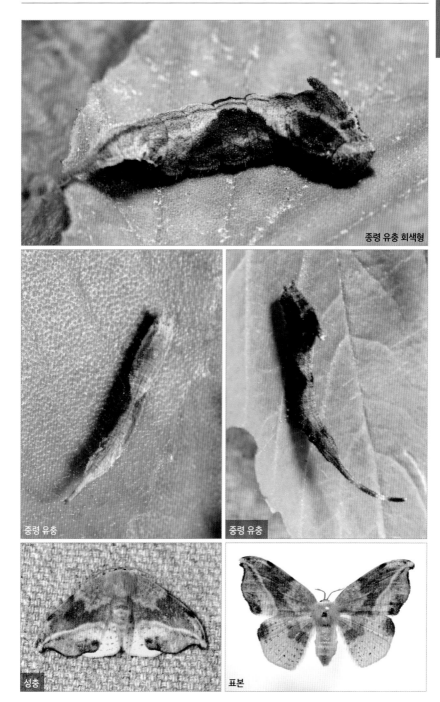

종령 유충 회색형

중령 유충

중령 유충

성충

표본

O-2-1 **멋쟁이뾰족날개나방** *Shinploca shini*

먹이식물: 신갈나무(*Quercus mongolica*)

| 유충시기: 5월 | 유충길이: 30mm |
| 우화시기: 이듬해 4월 | 날개길이: 39mm | 채집장소: 가평 명지산, 하남 검단산 |

유충 머리는 다홍색이고 몸은 회색이며, 작고 둥글며 노란 무늬가 있고 그 사이에 검은 무늬가 있다. 잎을 붙이고 번데기가 되어 낙엽층에서 월동하고 이듬해 우화한다. 성충 앞날개는 갈색이고, 중횡선과 외횡선은 검은색으로 뚜렷하며 그 사이에 작고 둥글며 흰 무늬가 있다. 외횡선은 중간에 바깥쪽으로 돌출한다. 내횡선 안쪽 윗부분은 녹두색이다. 뒷날개는 흰색이다.

유충

성충

표본

O-2-2 **앞흰뾰족날개나방** *Tethea albicostata*

먹이식물: 사시나무(*Populus davidiana*)

유충시기: 6~7월 유충길이: 35mm

우화시기: 7월, 9월, 이듬해 5월 날개길이: 40~42mm 채집장소: 광양 서울대학술림

어린 유충은 몸 각 마디 양쪽에 검은 점이 있으나, 종령 유충이 되면 사라진다. 머리는 살구색이고 주둥이 근처가 양쪽으로 갈라진 수염처럼 검은색 줄로 이루어졌다. 앞가슴 양옆에 검은 줄무늬가 있고 앞쪽 양옆에 검은 점무늬가 있다. 잎 2장 여러 곳에 질긴 실기둥을 만들어 잎을 거의 완전히 붙인 듯이 하고 지낸다. 잎을 붙이고 번데기가 되어 12일 지나 우화한 것이 있고, 2달이 지나 우화한 것이 있으며, 이듬해 5월에 우화한 것도 있었다. 성충 앞날개 전연에 약간 붉은색을 띤 흰색 부분이 홍백띠뾰족날개나방 날개보다 넓다. 중횡선은 조금 희미하지만 중간 아래에서 바깥쪽으로 튀어나왔다. 가락지 무늬와 콩팥 무늬가 붙어 꽃무늬처럼 보인다.

종령 유충

초령 유충

중령 유충

성충

표본

O-2-3 **넓은뾰족날개나방** *Tethea ampliata*

먹이식물: 졸참나무(*Quercus serrata*)

유충시기: 9~10월 유충길이: 35mm
우화시기: 이듬해 5월 날개길이: 48mm 채집장소: 순천 불재

유충 머리는 주홍색이고, 앞가슴에는 머리 바로 뒤에 검은색 사다리꼴 무늬가 있다. 몸 마디마다 양쪽에 크고 검은 점이 있다. 자신이 들락일 수 있는 구멍만 남기고 잎을 붙이고는 들락이며 잎을 먹는다. 잎을 붙이고 번데기가 된다. 성충 날개는 회갈색이다. 내횡선대에 있는 여러 줄무늬는 꼬불꼬불하나 직선에 가깝고 가락지 무늬는 아주 작다. 외횡선대에는 여러 줄무늬가 있으나 희미하다.

유충

성충

표본

O-2-4 **좁은뾰족날개나방** *Tethea octogesima*

먹이식물: 졸참나무(*Quercus serrata*), 상수리(*Quercus acutissima*)

유충시기: 8~9월　유충길이: 35mm
우화시기: 이듬해 5월　날개길이: 41mm　채집장소: 순천 선암사

유충 머리는 살구색이고, 주둥이 양옆에 수염 같은 검은 무늬가 있다. 앞가슴에는 머리 쪽으로 가늘고
검은 줄무늬가 있는데 중간이 끊어져 있고, 양쪽으로 검은 점이 2개씩 있다. 2가슴마디, 8배마디 양쪽에
검은 점이 있고, 2, 3배마디에 아주 작고 검은 점이 있다. 성충은 회갈색이며 넓은뾰족날개나방과 생김
새가 아주 비슷하나, 내횡선과 중횡선 사이의 가락지 무늬가 더 큰 것으로 구별한다.

유충

성충

표본

O-2-5 **왕뾰족날개나방** *Euparyphasma maxima*

먹이식물: 산딸나무(*Cornus kousa*)

유충시기: 6~8월 유충길이: 40~45mm
우화시기: 9월, 이듬해 4월 날개길이: 50mm 채집장소: 구례 성삼재

알은 반구형으로 미백색이고 지름 1.2mm이며, 1개 또는 2개가 잎에 붙어 있다. 1령 유충 머리는 검고 가슴은 부풀었으며 배 끝으로 갈수록 가늘어져 마치 올챙이 모양이다. 3령 유충 머리는 회색이고 검은 점무늬가 있다. 몸은 짙은 회색이고 배 윗면은 회녹색이다. 종령 유충 몸은 회색과 갈색으로 얼룩덜룩하며, 가운데가슴에 자갈색 V자 무늬가 나타난다. 머리에는 작은 회색 점이 있고 크고 검은 점이 몇 개 있다. 기문은 주황색으로 뚜렷하다. 어린 유충은 어린잎을 찾아 끊임없이 이동하기 때문에 종령까지 살아남는 것이 드물다. 한 달 이상 새로운 알이 계속 나타났다. 8월에 흙 속 얕은 곳에 들어가 흙으로 고치를 틀고 번데기가 되어 한 달 지나 우화하는 것도 있었고, 7월 말에 흙 속에 들어가 이듬해 4월에 우화한 것도 있었다. 성충 날개는 회갈색이며 폭이 넓고, 진한 갈색 점이 흩어져 있다. 앞날개 앞쪽 끝이 약간 뾰족하게 튀어나왔다.

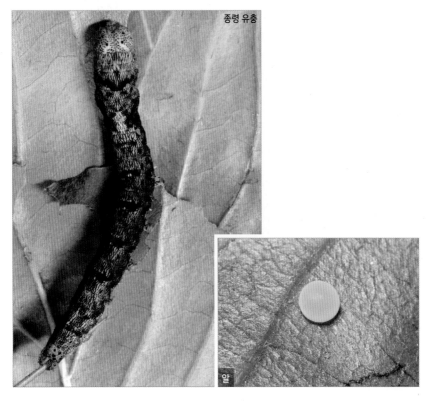

종령 유충

알

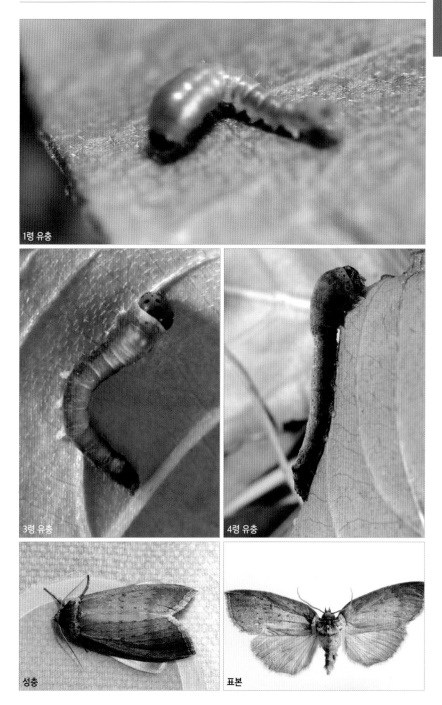

1령 유충

3령 유충

4령 유충

성충

표본

O-2-6 **흰오뚜기무늬뾰족날개나방** *Horithyatira decorata decorata*

먹이식물: 붉가시나무(*Quercus acuta*)

유충시기: 5~6월 유충길이: 38mm

우화시기: 이듬해 3월 날개길이: 37~39mm 채집장소: 완도수목원

중령 유충 가슴은 녹색이며 양쪽은 검다. 1, 2배마디와 배 끝부분은 검은색이고 그 사이는 황록색이다. 배 끝에는 짧은 돌기가 1쌍 있다. 종령 유충이 되면 가슴에 삼각형 돌기가 나타나고, 배 윗면에는 양쪽으로 흑갈색 삼각 무늬가 생긴다. 다 자란 유충은 잎을 대충 감고 번데기가 된다. 번데기 껍질은 무척 단단해 더위와 추위를 잘 견딘다. 성충 앞날개는 갈색이며 둥근 연분홍색 무늬가 앞쪽에 줄지어 있고 후연 끝에는 붉은색과 갈색 둥근 무늬가 있다.

종령 유충

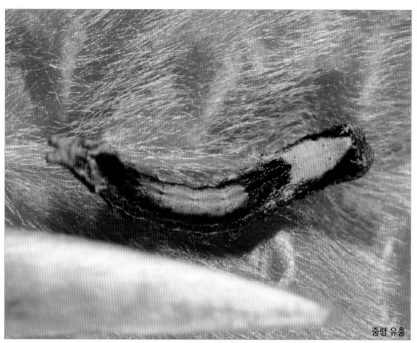

중령 유충

노숙 유충

번데기

성충

표본

O-2-7 **점박이뾰족날개나방** *Parapsestis argenteopicta*

먹이식물: 물박달나무(*Betula davurica*)

| 유충시기: 9월 유충길이: 40mm
| 우화시기: 이듬해 4월 날개길이: 40mm 채집장소: 남양주 천마산

유충 머리는 주황색, 앞가슴 앞부분에 검은 사다리꼴 무늬가 있다. 가슴에는 연한 갈색 돌기가 있다. 배는 노란색이다. 잎 2장을 몸을 들락일 수 있을 정도 구멍만 남기고 붙이며, 붙인 잎 속에 질긴 막을 치고 지낸다. 잎을 붙이고 번데기가 되어 월동한다. 성충 어깨판은 회백색이고 3배마디에 털 다발이 있다. 더듬이 기부 1/4은 청색, 나머지는 노란색이다. 앞날개 기부 가까이에 횡선 3개가 나란히 있다.

유충

성충

표본

P-1-1 **네무늬가지나방** *Heterostegane hyriaria*

먹이식물: 자귀나무(*Albizzia julibrissin*)

유충시기: 6월 유충길이: 15mm
우화시기: 7월 날개길이: 15mm 채집장소: 순천 왕의산

유충은 몸은 녹색이고 둘레는 연두색이며 배 끝은 삼각형이다. 주로 복엽 끝 작은 잎을 먹는다. 잎을 붙이고 번데기가 되어 10일 지나면 우화한다. 성충 날개는 미색이며 노란색 실무늬가 있고, 아외연선은 굵은 갈색이며 중간에 있는 줄무늬는 외연에 닿는다. 1년에 여러 차례 발생하는 것으로 보인다.

P-1-2 **구름애기가지나방** *Ninodes watanabei*

먹이식물: 졸참나무(*Quercus serrata*)

유충시기: 7월 **유충길이:** 20mm

우화시기: 이듬해 5월 **날개길이:** 23mm **채집장소:** 담양 금성산성

유충 머리와 몸은 녹색이다. 채집 뒤 곧바로 흙 속에 들어가 정확한 생활사는 모른다. 성충 앞날개는 미색이며 내횡선 안쪽과 바깥쪽에 황갈색 무늬가 있고 외횡선 바깥쪽에는 넓은 회색 띠무늬가 있으며 이것이 뒷날개까지 연결된다. 내횡선과 외횡선 사이에 둥글고 검은 무늬가 있다.

유충

성충

표본

P-1-3 **노랑줄흰가지나방** *Orthocabera sericea*

먹이식물: 노각나무(*Stewartia pseudocamellia*)

| **유충시기:** 6~7월 **유충길이:** 24~28mm
| **우화시기:** 7~8월 **날개길이:** 26~31mm **채집장소:** 광양 백운사, 구례 성삼재

중령 유충 머리는 연한 살구색이고 몸은 약간 투명한 녹색이다. 종령 유충 몸은 연두색이며 밋밋하다.
잎을 붙이고 번데기가 되어 10일 지나면 우화한다. 성충 날개는 흰색이다. 앞날개에는 노란색 줄무늬가
날개 끝에서 후연 중간으로 2개, 후연 3/4 지점으로 2개, 후연 끝으로 1개 있다. 1년에 2회 발생하는 것
으로 보인다. 차나무과 식물을 먹는다.

중령 유충

성충

종령 유충

표본

P

P-1-4 **가는줄흰가지나방** *Orthocabera tinagmaria*

먹이식물: 동백나무(*Camellia japonica*)

유충시기: 6월, 8월 **유충길이:** 30mm
우화시기: 7월, 9월 **날개길이:** 29~33mm **채집장소:** 완도수목원, 장흥 천관산동백숲 임도

유충 머리는 연두색이고 몸은 녹색이며 희미하고 가는 줄이 있다. 기문은 검은색이며 배 끝은 붉다. 잎 사이에 실을 몇 가닥 엉성하게 치고 번데기가 되어 12일 지나면 우화한다. 성충 날개는 흰색이고 연갈색 횡선이 뚜렷하다. 아외연선은 점으로 이루어지고 날개마다 적갈색 점이 있다.

유충

유충

성충

표본

P-1-5 **줄흰가지나방** *Cabera purus*

먹이식물: 물오리나무(*Alnus hirsuta*)

| 유충시기: 6월, 7~8월 **유충길이:** 35mm
| 우화시기: 7월, 8월 **날개길이:** 22mm **채집장소:** 순천 왕의산, 광양 백운산

중령 유충 머리는 살구색이고 줄무늬가 2개 있으며, 배마디마다 적자색 점무늬가 있다. 종령 유충은 머리와 몸이 연두색이고, 몸 양쪽으로 옅은 노란색 줄이 있으며, 마디 위에는 작고 붉은 점이 있다. 노숙 유충은 마디에 있는 작은 점이 퍼진 붉은 무늬로 변한다. 흙 속에 들어가 보름 지나면 우화한다. 성충 날개는 흰색이며 횡선은 희미한 초콜릿색이다. 수컷 앞날개 외연에 있는 연모는 흰색이고, 후연에 있는 연모는 길며 연한 초콜릿색이다. 중횡선과 외횡선 사이에 검은 점이 있는 개체도 있고 없는 개체도 있다. 암컷 앞날개에는 선점이 많고, 연모는 흰색이다. 자작나무과 식물을 먹는다.

종령 유충

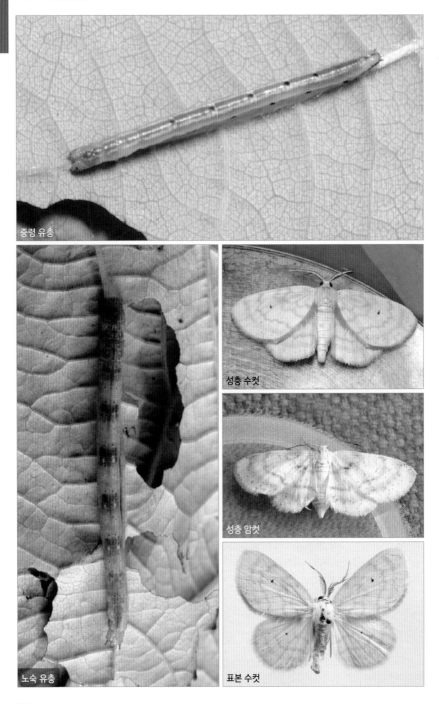

중령 유충

노숙 유충

성충 수컷

성충 암컷

표본 수컷

P-1-6 **연푸른가지나방** *Parabapta clarissa*

먹이식물: 굴참나무(*Quercus variabilis*), 밤나무(*Castanea crenata*), 졸참나무(*Quercus serrata*)

유충시기: 6~7월   유충길이: 30mm

우화시기: 이듬해 4~5월   날개길이: 28~29mm   채집장소: 광양 서울대학술림, 보성 제석산

중령 유충 머리는 연한 주황색이고 몸은 녹색이다. 종령 유충 머리에는 부푼 듯한 둥근 주황색 무늬가 있고 배 끝 삼각 부분은 살구색이며, 기문선은 노란색이다. 흙 속에 들어가 흙으로 고치를 튼다. 성충 날개는 연한 녹색이 도는 흰색이고 갈색 외횡선이 뒷날개까지 연결된다. 1년에 1회 발생한다.

중령 유충

성충

종령 유충

표본

P-1-7 **두줄갈고리가지나방** *Rhynchobapta cervinaria*

먹이식물: 대팻집나무(*Ilex macropoda*)

유충시기: 6~8월   유충길이: 18~20mm

우화시기: 8월, 이듬해 3~4월   날개길이: 27~30mm   채집장소: 광양 서울대학술림, 구례 성삼재

유충 몸에는 작은 돌기가 있고, 갈색, 검은색, 쑥색 등 여러 색이 섞여 있다. 6, 7, 8배마디는 옅은 황토색이거나 쑥색이며, 색상 변화가 크다. 여러 색이 섞여 있어 잎 위에 몸을 접고 있으면 새똥처럼 보인다. 주로 잎 가장자리에 매달려 있으며, 조금만 방해를 받아도 땅으로 뚝 떨어진다. 여름형은 흙 속에 들어가 번데기가 되어 18일 지나면 우화한다. 성충 날개는 갈색이고 내횡선과 외횡선은 연갈색이며 날개마다 작은 횡맥점이 하나씩 있다. 앞날개 끝이 약간 갈고리 모양이다.

유충 흑색형

중령 유충

성충

표본

유충 녹갈색형

P-1-8 **흰줄갈고리가지나방** *Rhynchobapta eburnivena*

먹이식물: 감탕나무(*Ilex intega*)

유충시기: 9~10월　유충길이: 28mm
우화시기: 12월　날개길이: 34mm　채집장소: 완도수목원

유충 머리는 검은색이고 가로로 굵고 흰 줄무늬가 있으며, 중간에 뒤쪽으로 가는 흰 줄무늬가 있다. 앞가슴은 노란색이고 둥글고 검은 무늬가 있다. 몸은 검은색이고 흰색 줄무늬가 있다. 가슴과 배 끝에는 노란색 무늬가 퍼져 있다. 흙 속에 들어가 고치를 틀고 50일 지나면 우화한다. 성충 날개는 갈색이고, 내횡선은 흰색이며, 앞날개 끝에서 후연에 이르는 사선은 흰색과 흑갈색이다. 내횡선 바깥쪽에 검은 점이 있다. 뒷날개 외연은 물결 모양이다.

유충

유충

성충

표본

P-1-9 **앞노랑뾰족가지나방** *Plesiomorpha flaviceps*

먹이식물: 꽝꽝나무(*Ilex crenata*)

> **유충시기:** 8월 **유충길이:** 20mm
> **우화시기:** 8월 **날개길이:** 23~24mm **채집장소:** 나주 산림자원연구소

유충은 회색형과 녹색형이 있다. 머리에는 그물 무늬가 있다. 방해를 받으면 뒷가슴과 1배마디를 크게 부풀려 마치 올챙이 같아 보인다. 1, 2배마디에 검은 점무늬가 있다. 잎을 붙이고 번데기가 되어 9일 지나면 우화한다. 성충 날개는 회갈색이나 빛에 따라 회색으로도 보인다. 앞날개 끝은 뾰족하게 튀어나왔다. 전연에 가늘게 노란색 부분이 있고 작고 검은 점이 있다.

유충 회색형

유충 녹색형

성충

표본

유충 회색형

P-1-10 **끝회색붉은가지나방** *Astygisa chlororphnodes*

먹이식물: 헛개나무(*Hovenia dulcis*)

유충시기: 9월 유충길이: 30mm
우화시기: 이듬해 5월 날개길이: 25~28mm 채집장소: 나주 산림자원연구소

유충 머리는 백록색이며 둥글다. 몸은 길고 연한 녹색이며 머리와 앞가슴 양쪽은 붉다. 노숙 유충은 자주색으로 변한다. 흙 속에 들어가 번데기가 된다. 성충 날개는 적갈색이나 중간 부분은 회갈색에 가깝고, 앞날개 끝부분에 회색 무늬가 있다. 날개 끝은 각이 진다.

종령 유충

중령 유충

노숙 유충

성충

표본

P-1-11 **검은톱니가지나방** *Synegia esther*

먹이식물: 꽝꽝나무(*Ilex crenata*)

유충시기: 6월 **유충길이:** 27mm
우화시기: 7월 **날개길이:** 27~28mm **채집장소:** 완도수목원

유충 머리는 희미한 등황색이고 몸은 밋밋하며 녹색이다. 어린 유충과 종령 유충은 생김새 변화가 없다. 몸 색깔이 잎과 같아 잘 보이지 않으나 곳에 따라서는 대발생하기도 한다. 흙 속에 들어가 고치를 틀고 번데기가 된다. 성충 날개는 노란색인 것, 흑갈색 무늬가 있는 것 등 다양하나 어느 것이나 외횡선은 흑갈색 굵은 톱니 모양으로 뚜렷하고 날개마다 검은 횡맥점이 있다.

유충

성충

표본

표본

유충 표본

P-1-12 **회색무늬가지나방** *Oxymacaria temeraria*

먹이식물: 보리밥나무(*Elaeagnus macrophylla*)

유충시기: 10월   **유충길이:** 30mm

우화시기: 이듬해 5월   **날개길이:** 29mm   **채집장소:** 여수 성두리 금오산

유충 머리에 갈색 그물 무늬가 있고 봉합선 양쪽에 흰 부분이 있다. 몸은 연녹색과 황갈색이 뒤섞여 있어, 갈색 선점으로 덮인 보리밥나무 가지와 너무나 흡사하다. 사육 시 오아시스에 들어가 번데기가 되었다. 성충 날개에는 회색 선점이 퍼져 있고, 횡선은 회색이나 아외연선은 흰색이며 이 선 안쪽과 바깥쪽에 회색 무늬가 있다.

유충

유충

성충

표본

P

P-1-13 **큰알락흰가지나방** *Parapercnia giraffata*

먹이식물: 고욤나무(*Diospyros lotus*)

유충시기: 7월 유충길이: 50mm
우화시기: 8월 날개길이: 59mm 채집장소: 순천 조계산

어린 유충 머리는 황갈색이며, 몸은 흑갈색이고 흰 선점이 있다. 1배마디는 부풀고 큰 황갈색무늬가 있으며 그 안에 검은 점무늬가 있다. 종령 유충 머리와 가슴은 작아서 잘 보이지 않는다. 1배마디는 부풀었으며 검은색과 노란색 둥근 무늬가 있고 몸도 뱀 무늬 같아서, 몸 앞부분을 위로 들고 좌우로 흔들면 마치 뱀처럼 보인다. 얕은 흙 속에 들어가 번데기가 되어 14일 지나면 우화한다. 성충 날개는 흰색이며 둥글고 검은 점무늬가 있고 아외연선 바깥쪽은 검은색이다.

종령 유충

중령 유충

성충

종령 유충

표본

P-1-14 **알락흰가지나방** *Antipercnia albinigrata*

먹이식물: 감태나무(*Lindera glauca*)

유충시기: 7월, 8월 **유충길이:** 40mm

우화시기: 8월, 이듬해 5월 **날개길이:** 50mm **채집장소:** 순천 봉화산, 순천 왕의산, 순천 선암사

중령 유충 머리는 검은색이고 가로로 흰 줄무늬가 있다. 가슴과 배 끝부분이 노랗고, 나머지는 흰색 바탕에 검은 바둑판무늬가 있다. 종령 유충은 가운데에 굵고 흰 줄이 2개 있고 배마디마다 노란색 줄무늬가 있으며, 검은 바둑판무늬는 더욱 커져 몸 전체가 거의 검게 보인다. 몸에 곧게 선 흰 털이 있다. 흙 속에 들어가 엉성하게 고치를 튼다. 성충 날개는 흰색이며, 둥글고 검은 무늬가 횡선 5개를 이룬다. 녹나무과 식물을 먹으며, 1년에 2회 발생한다.

종령 유충

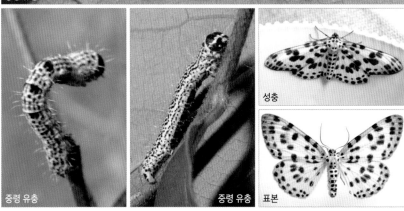

중령 유충

중령 유충

성충

표본

P-1-15 **흰점가지나방** *Arichanna albomacularia*

먹이식물: 함박꽃나무(*Magnolia sieboldii*)

유충시기: 7월 **유충길이:** 30mm
우화시기: 이듬해 5월 **날개길이:** 39mm **채집장소:** 구례 성삼재

머리와 몸은 연두색이며, 몸에는 희미하고 밋밋한 흰색 줄이 있다. 흙 속에 들어가 번데기가 된다. 성충 날개에는 갈색과 연한 쑥색이 섞여 있다. 앞날개 전연 끝 가까이와 후연 끝 가까이에 희고 둥근 무늬가 있다.

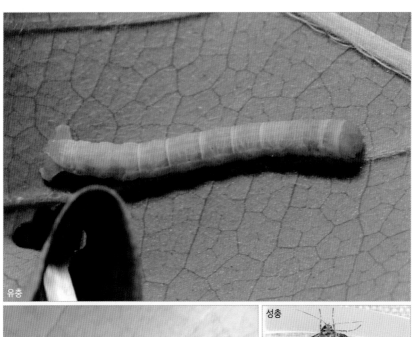
유충

노숙 유충

성충

표본

P-1-16 **그늘가지나방** *Cleora insolita*

먹이식물: 버드나무(*Salix koreensis*), 싸리(*Lespedeza bicolor*)

유충시기: 6~7월 유충길이: 30~37mm

우화시기: 이듬해 4월 날개길이: 31~33mm 채집장소: 양평 비솔고개, 광양 백운사길, 남원 뱀사골

중령 유충 머리는 미색, 몸은 백록색이다. 양 가장자리에 굵고 흰 줄이 있으며 그 사이에 가늘고 흰 줄이 2개 있다. 종령 유충 머리는 녹색이며 배 윗면은 연두색이다. 흙 속에 들어가 번데기가 되어 이듬해에 우화한다. 성충 앞날개 내횡선과 외횡선은 검은색이며, 내횡선 안쪽에 굵고 검은 줄무늬가 있다. 아외연선은 흰색 톱날 모양이다. 광식성으로 알려졌다.

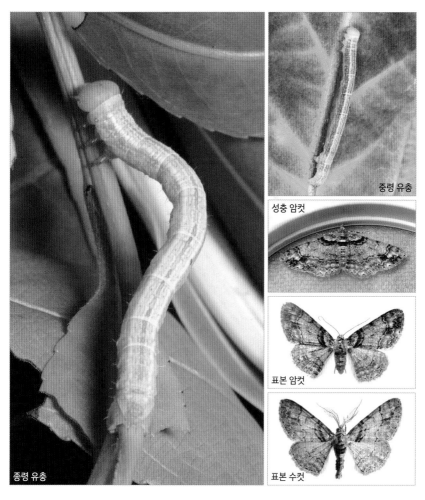

중령 유충

성충 암컷

표본 암컷

표본 수컷

종령 유충

P-1-17 **굵은줄가지나방** *Cleora repulsaria*

먹이식물: 멀구슬나무(*Melia azedarach*)

| 유충시기: 7월, 10월 **유충길이:** 35mm
| 우화시기: 8월, 이듬해 4월 **날개길이:** 34~38mm **채집장소:** 순천 왕의산

머리는 녹색이고, 몸 윗면은 흰색, 옆면은 연두색이며 검은 점무늬가 많다. 기문선은 노란색이다. 어린 유충과 종령 유충의 생김새 차이는 별로 없다. 여름형은 흙 속에 들어가 번데기가 되어 10일 지나면 우화한다. 성충 수컷 앞날개 기부 가까이에 각공(작고 투명한 타원형 부분)이 있다. 내횡선과 외횡선은 흑갈색이고 그 사이는 회갈색이다. 외횡선 바깥쪽은 적갈색이며 갈색 비늘로 덮였다. 멀구슬나무만 먹으며, 주로 어린 멀구슬나무에 많이 발생하고, 대발생하는 경우 나뭇잎이 모두 사라지기도 했다. 10월 중순에도 보였으므로 1년에 여러 차례 발생하는 것으로 보인다.

중령 유충

성충 수컷

성충 암컷

종령 유충

표본 수컷. 기부에 각공이 있음

P-1-18 **밑검은가지나방** *Ramobia mediodivisa*

먹이식물: 함박꽃나무(*Magnolia sieboldii*)

유충시기: 6~7월 유충길이: 25~30mm

우화시기: 10월 날개길이: 38mm 채집장소: 구례 성삼재

유충 머리는 흐린 살구색이다. 몸은 밋밋하며 백록색이고 배 윗면 양쪽에 흰 줄무늬가 있다. 어린 유충과 종령 유충의 생김새는 거의 차이가 없다. 흙 속에 들어가 여름을 지내고 가을에 우화한다. 성충 날개의 내횡선과 중횡선은 뚜렷하고 중횡선 안쪽은 짙은 갈색이다. 중횡선은 전연 가까운 곳에서 바깥쪽으로 한 번 휘고 후연까지 직선으로 내려온다. 외횡선은 톱니 모양이다.

종령 유충

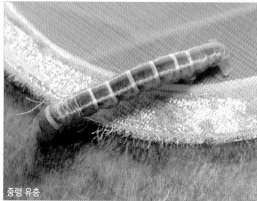

중령 유충

성충

표본

P-1-19 **세줄날개가지나방** *Hypomecis roboraria*

먹이식물: 졸참나무(*Quercus serrata*)

유충시기: 9월~이듬해 4월   **유충길이:** 47mm
우화시기: 5월   **날개길이:** 49mm   **채집장소:** 장흥 천관산동백숲

유충 머리 양쪽이 삼각뿔 모양으로 솟았고 빗살무늬가 있다. 뒷가슴에는 작은 혹 같은 것이 1쌍 있고, 2배마디에는 하트 모양 돌기가 솟았으며 그 속에 작고 검은 무늬가 2개 있다. 배 끝에도 작은 돌기가 1쌍있다. 11월에 낙엽층 속으로 들어가 유충 상태로 겨울을 지내며, 월동하는 동안 몸 크기가 줄어든다. 이른 봄에 참나무 잎이 나오면 다시 먹으며, 한 번 더 탈피하고 종령 유충이 된다. 탈피하고 나면 색상 변화는 조금 있으나 형태 변화는 없다. 잎을 붙이고 번데기가 되어 25일 지나면 우화한다. 성충 날개에는 흑갈색 선점이 퍼져 있으며 앞날개 중횡선과 외횡선은 후연에서 합쳐져 검은 무늬를 이룬다.

종령 유충

종령 유충

중령 유충

중령 유충

성충

표본

P-1-20 **먹줄굴빛가지나방** *Calicha nooraria*

먹이식물: 나래회나무(*Euonymus macroptera*)

유충시기: 10월 유충길이: 45mm
우화시기: 이듬해 5월 날개길이: 33~41mm 채집장소: 구례 성삼재

유충 머리는 검고, 흰색 반원이 2개 붙은 듯한 무늬가 있다. 앞가슴은 노란색이며 검은 점무늬가 2줄 있고, 각 가슴 뒷부분은 노란색이다. 몸에는 흰색과 검은색에 가는 줄무늬가 많다. 기문은 검은색이고 둘레는 노란색이며 기문 아래에 노란 줄무늬가 있다. 배 끝에 작은 돌기가 1쌍 있으며, 항문판은 검은색이고 노란 줄무늬가 있다. 흙 속에 들어가 번데기가 된다. 성충 날개는 짙은 녹색이며 횡선은 검은색인데 아외연선은 흰색이다. 아외연선 안쪽 중간에 검은 무늬가 있고 나머지 부분에는 적갈색 무늬가 있다. 비늘이 아주 쉽게 떨어져 버린다. 암수 크기 차이가 크다.

중령 유충

성충

종령 유충

표본

P-1-21 **영실회색가지나방** *Paradarisa consonaria*

먹이식물: 산딸기(*Rubus crataegifolius*)

유충시기: 6월 유충길이: 35mm

우화시기: 이듬해 4월 날개길이: 34mm 채집장소: 광양 백운사길

중령 유충 머리는 적갈색이고 몸 중간에 굵은 연녹색 줄이 있으며, 양쪽은 어두운 갈색이다. 종령 유충은 몸 중간에 굵은 줄이 있고 그 양쪽에 배마디마다 검은 점무늬가 있다. 노숙 유충 몸은 황갈색이며 검은 점무늬는 더 작아 보인다. 머리에도 흰 줄무늬가 있다. 성충 날개는 회백색이며 흑갈색 선점이 퍼져 있고 내횡선대와 외횡선, 외횡선 바깥쪽은 회갈색이다. 날개 색상은 변이가 있다. 외횡선과 아외연선 사이 중간 쯤에 색이 짙은 사각형 부분이 있는 것으로 유사종과 구별한다. 광식성이고 1년에 1회 발생한다.

종령 유충

중령 유충 노숙 유충 성충 표본

P-1-22 **연회색가지나방** *Ectropis aigneri*

먹이식물: 싸리나무(*Lespedeza bicolor*)

유충시기: 6월　유충길이: 35mm
우화시기: 7월　날개길이: 38mm　채집장소: 광양 백운사길

유충 머리는 연갈색이며 적갈색 줄무늬가 있다. 몸은 흐릿한 쑥색이고 2, 3배마디에 흑갈색 반원 무늬가 있고, 8배마디 양쪽에 흑갈색 무늬가 있다. 흙 속에 들어가 번데기가 되어 15일 지나면 우화한다. 성충 날개는 회백색이며 황갈색 선점이 퍼져 있고, 횡선도 황갈색이며, 외횡선 중간에 황갈색 무늬가 있다. 광식성이다.

종령 유충

중령 유충

표본

P-1-23 **흰무늬노랑가지나방** *Parectropis similaria*

먹이식물: 아까시나무(*Robinia pseudoacacia*)

| 유충시기: 8월 유충길이: 33mm
| 우화시기: 이듬해 4월 날개길이: 29mm 채집장소: 괴산 화양계곡

유충 머리는 연두색이며 희미하게 빗살무늬가 있다. 몸은 연두색이고, 배마디마다 아주 작은 녹색 점이 2개씩 있다. 흙 속에 들어가 고치를 틀고 번데기가 된다. 성충 날개는 갈색이고 횡선은 검은색이다. 외연 가까이 아외연선 중간 부분에 큰 흰색 무늬가 있다. 광식성이다.

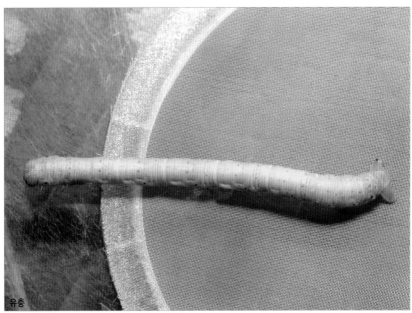

유충

성충

표본

P

P-1-24 **참물결가지나방** *Racotis petrosa*

먹이식물: 비목나무(*Lindera erythrocarpa*)

> 유충시기: 5월   유충길이: 22mm
> 우화시기: 6월   날개길이: 33~35mm   채집장소: 광양 백운산

중령 유충 머리는 연한 살구색, 종령 유충 머리는 녹색이다. 중령과 종령 유충 모두 몸은 녹색이며 가늘고 노란 미세한 줄이 있고, 가운데가슴과 6~9배마디 양쪽으로 적갈색 굵은 줄무늬가 있으며, 기문 아래에도 적갈색 줄이 있다. 봄에 나타난 유충은 흙 속에 들어가 번데기가 되어 10일 지나면 우화한다. 성충 날개는 연한 갈색이나, 갈색 선점이 퍼져 있어 흑갈색으로 보인다. 횡선은 흑갈색이나 아외연선은 미색이다. 외횡선 중간에 초승달 같은 검은 무늬(성충 사진 참조)가 있고, 뒷날개 외연은 물결 모양이다. 늦가을까지 유충이 보이므로 1년에 여러 차례 발생하는 것으로 보인다.

종령 유충

중령 유충

성충

표본

P-1-25 **아지랑이물결가지나방** *Aethalura ignobilis*

먹이식물: 사방오리(*Alnus firma*), 물오리나무(*Alnus hirsuta*)

유충시기: 7~8월 유충길이: 22mm

우화시기: 이듬해 3~5월 날개길이: 27mm 채집장소: 하동 화개면, 순천 왕의산

유충 머리와 몸, 항문판은 연두색이고 머리에는 희미한 점무늬가 있다. 기문은 적갈색이다. 흙 속에 들어가 고치를 틀고 번데기가 된다. 성충 앞날개 횡선은 전연에서 색이 더 짙고 굵다. 외횡선 바깥쪽에 굵은 고동색 줄이 있다. 아외연선은 톱니 모양이고 흰색이며 안은 갈색으로 둘러 있다. 수컷 날개 기저에 각공(투명한 타원형 부분)이 있다. 자작나무과 식물만 먹는다.

성충 암컷

성충 수컷

표본 수컷

유충

P-1-26 **꼬마아지랑이물결가지나방** *Myrioblephara nanaria*

먹이식물: 개서어나무(*Carpinus tachonoskii*)

| 유충시기: 7~8월 **유충길이:** 26mm
| 우화시기: 이듬해 5월 **날개길이:** 22mm **채집장소:** 순천 선암사

중령 유충 머리는 연두색이고 몸은 녹색이다. 종령 유충 머리는 녹색이며 자갈색 선점이 있고, 몸은 백록색이며 1~5배마디 뒷부분에 자갈색 띠무늬가 있다. 잎을 잎맥만 남기고 먹으며, 흙 속에 들어가 번데기가 된다. 성충 날개에는 작은 회갈색 선점이 흩어져 있다. 횡선은 흑갈색이며 외횡선 중간쯤에서 바깥쪽으로 아외연선까지 넓은 흑갈색 무늬가 있다. 자작나무과 식물만 먹는다.

종령 유충

중령 유충

성충

표본

P-1-27 **흰띠왕가지나방** *Xandrames dholaria*

먹이식물: 비목나무(*Lindera erythrocarpa*)

유충시기: 7월, 9월 **유충길이:** 45mm

우화시기: 8월, 이듬해 6월 **날개길이:** 60~69mm **채집장소:** 광양 백운산

유충 머리는 백록색이며 적자색 띠로 둘렸다. 앞가슴 앞쪽 양옆에 붉은 무늬가 있다. 몸은 녹색이며 아주 작고 검은 점이 흩어져 있다. 기문은 적자색으로 둥글고 크다. 종종 몸을 아치 모양으로 만들고 머리를 들고 있다. 여름형은 흙 속에 들어가 보름 만에 우화한다. 성충 앞날개는 갈색이고, 횡선은 검은색이며 굵고 중간에서 끊긴다. 넓고 흰 띠무늬가 전연 중간에서 외연 쪽에 걸쳐 있다. 1년에 2회 발생한다.

유충

유충 머리

성충

표본

P-1-28 **붉은점겨울가지나방** *Sebastosema bubonaria*

먹이식물: 푼지나무(*Celastrus flagellaris*)

유충시기: 4~5월   **유충길이:** 30mm
우화시기: 이듬해 2~3월   **날개길이:** 34mm   **암컷 몸길이:** 19mm   **채집장소:** 광양 백운산

유충 머리는 작고 검은색이며 가슴에 묻혀 잘 보이지 않는다. 가슴과 몸은 흰색이며 흑청색 바둑판무늬
가 있고, 마디마다 양쪽에 노란색 줄무늬가 있다. 어린 유충과 종령 유충의 생김새는 다르지 않다. 흙 속
에 들어가 번데기가 된다. 성충 수컷 날개 전연은 회색이며 횡선은 검은색이다. 외횡선 바깥쪽은 적갈색
이며 날개 끝에 흰 무늬가 있다. 뒷날개는 밝은 주황색이다. 암컷 날개는 아주 작으며 검은색이고, 몸은
미색이며 검은 점무늬가 있다. 짝짓기를 못한 상태에서 미수정란을 낳았다.

종령 유충

중령 유충

성충 수컷

성충 암컷

표본 수컷

미수정란

P-1-29 **앞노랑가지나방** *Nothomiza oxygoniodes*

먹이식물: 호랑가시나무(*Ilex cornuta*), 대팻집나무(*Ilex macropoda*)

> **유충시기:** 5~6월 **유충길이:** 25~30mm
> **우화시기:** 6~7월 **날개길이:** 27~28mm **채집장소:** 완도수목원, 순천 선암사

유충 머리는 검은색이며 몸은 회색이고 3~5배마디 위쪽에 작고 검은 점이 있다. 배 양쪽은 흰색이며 배 마디마다 크고 검으며 둥근 무늬가 있고 그 옆은 노랗다. 흙 속에 들어가 고치를 틀고 번데기가 되거나, 잎을 대강 엮고 번데기가 되어 13~15일 지나면 우화한다. 성충 날개는 자갈색이고 전연에 노란색 무늬가 있다. 감탕나무과 식물을 먹는 듯하다.

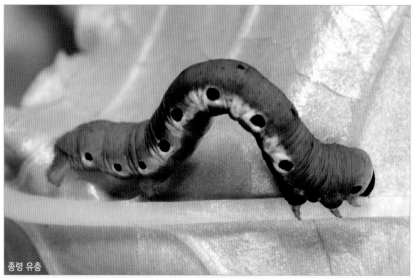

종령 유충

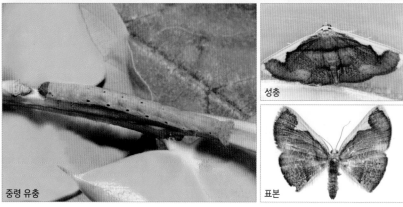

중령 유충

성충

표본

P-1-30 **남방갈고리가지나방** *Odontopera arida*

먹이식물: 갯버들(*Salix gracilistyla*), 두릅나무(*Aralia elata*), 호랑버들(*Salix caprea*)

유충시기: 6~7월   유충길이: 50mm

우화시기: 9월   날개길이: 42~43mm   채집장소: 구례 성삼재, 광양 한재

유충 머리는 몸에 비해 작다. 머리 윗부분 양쪽이 삼각형으로 약간 솟고 조금 눌린 모습이 원숭이 얼굴 같아 보인다. 배 끝 양쪽에 제비 꼬리처럼 약간 뾰족하게 솟은 돌기가 있다. 몸은 회색에 검은 점무늬가 섞인 것도 있고, 꺾쇠 무늬가 있는 것, 무늬가 없는 것 등 변이가 많다. 흙 속에 들어가 번데기가 되어 50일 지나면 우화한다. 성충 날개는 황갈색이고 외횡선은 미색이며 비스듬하게 후연으로 내려온다. 외연 앞쪽 반은 물결 모양이다. 앞뒤 날개에 검은 테두리가 있는 작은 눈알 무늬가 있다. 광식성이다.

종령 유충

종령 유충

종령 유충　유충 머리

7배마디 돌기　표본

성충

P-1-31 **줄고운노랑가지나방** *Plagodis dolabraria*

먹이식물: 졸참나무(*Quercus serrata*)

| 유충시기: 6월 유충길이: 24mm
| 우화시기: 7월 날개길이: 24mm 채집장소: 담양 금성산성

중령 유충은 백록색이며 가운데가슴과 5, 8배마디에 검은 줄무늬가 있다. 종령 유충 머리는 적갈색이고 몸에는 붉은색이 많아지며 가운데가슴, 5배마디의 검붉은 무늬는 더 짙어진다. 흙 속에 들어가 고치를 틀고 번데기가 되어 12일 지나면 우화한다. 성충 날개는 노란색이며 적갈색 가는 횡선 무늬가 퍼져 있고 후연 끝부분에 넓은 적갈색 무늬가 있다. 뒷날개도 외연 쪽 반은 적갈색이다. 유럽에서 광식성으로 알려졌다.

종령 유충

중령 유충

성충

표본

P

P-1-32 **흑갈색가지나방** *Devenilia corearia*

먹이식물: 광대싸리(*Securinega suffruticosa*)

> **유충시기:** 7월 **유충길이:** 28mm
> **우화시기:** 7월 **날개길이:** 25mm **채집장소:** 광양 서울대학술림

유충 머리에 희미한 갈색 무늬가 있고 그 위에 八자 흑자색 무늬가 있다. 몸은 백록색이고 뒷가슴다리와 6배마디 다리에 흑자색 둥근 무늬가 있다. 흙 속에 들어가 고치를 틀고 13일 지나면 우화한다. 날개에 선점이 퍼져 있고, 갈색 외횡선은 굵고 전연에서 안쪽으로 조금 꺾여 있다. 날개 색은 변이가 있다. 1년에 2회 발생한다.

유충

유충

성충

표본

P-1-33 **흰제비가지나방** *Ourapteryx maculicaudaria*

먹이식물: 개비자나무(*Cephalotaxus harringtonia*)

유충시기: 5~6월   유충길이: 58mm

우화시기: 6~7월   날개길이: 46~51mm   채집장소: 광주 용추계곡

유충 머리는 살구색이고 몸은 백록색이며 약간 꾸불꾸불한 검은 줄이 배 윗면 중앙에 2개, 양 가장자리에 3개씩 있다. 어린잎을 먹으며, 잎 주위에 있는 것(사육 시에는 물휴지나 오아시스)을 뜯어 주위에 붙이고 번데기가 되며, 17일 뒤에 우화한다. 성충은 유사종이 많은데, 뒷날개 꼬리돌기에 검은색으로 둘러싸인 붉은 무늬와 검은 점이 있는 것은 연노랑제비가지나방과 생김새가 비슷하나, 꼬리돌기가 조금 짧고 수컷 더듬이가 빗살 모양인 것으로 구별한다.

종령 유충

번데기

성충

종령 유충

표본

215

P

P-2-1 **북방겨울자나방** *Inurois brunneus*

먹이식물: 벚나무(*Prunus serrulata* var. *spontanea*), 갈참나무(*Quercus aliena*), 느릅나무(*Ulmus davidiana* var. *japonica*)

> **유충시기:** 4~5월 **유충길이:** 16mm
> **우화시기:** 12월 **날개길이:** 27mm **채집장소:** 구례 화엄사, 하남 검단산

유충 머리는 노란색이고, 몸은 녹색형과 회색형이 있다. 배 윗면 양쪽에 흰 줄이 있고, 배마디마다 검은 점이 2개씩 있다. 흙 속에 들어가 고치를 틀고 번데기가 되어 겨울에 우화한다. 성충 앞날개는 연한 갈색이며, 내횡선은 전연 가까이에서 안쪽으로 약간 꺾인다. 외횡선은 거의 직선에 가깝고 바깥쪽은 미색으로 둘렸다. 뒷날개는 미백색이다.

* 2권 미동정 종 Z-32와 같은 종이다. Z-32의 유충은 회색형이다.

유충

유충

성충

표본

P-3-1 **각시톱무늬자나방** *Pingasa aigneri*

먹이식물: 가래나무(*Juglans mandshurica*), 붉나무(*Rhus chinensis*)

| 유충시기: 7월　**유충길이:** 40mm
| 우화시기: 이듬해 5월　**날개길이:** 40mm　**채집장소:** 광양 서울대학술림, 순천 송광사

유충 머리는 녹색이고 짧은 털로 덮였으며 몸에 비해 작다. 몸은 연두색이고 배마디마다 짙은 녹색 꺾쇠 무늬가 있으며, 아주 짧은 털로 덮였다. 기문선은 노란색이고 짧은 털로 덮였다. 몸을 약간 활 모양으로 구부려 정지 자세를 취하고는 한다. 낙엽을 붙이고 번데기가 되어 이듬해에 우화한다. 성충 날개 내횡선 과 외횡선은 검은색 톱날 모양이고, 아외연선은 흰색 톱날 모양이다. 바탕은 쑥색 비늘로 덮였다. 1년에 1회 발생한다.

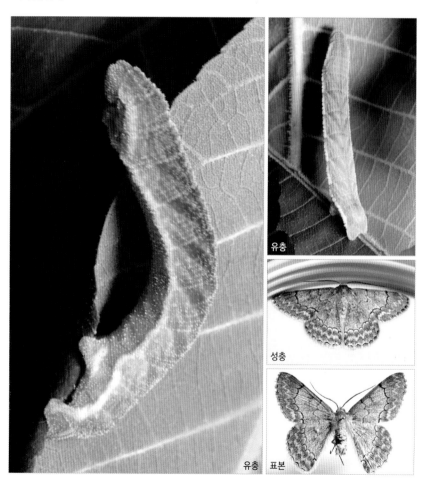

유충

유충

성충

유충　표본

P-3-2 **점선두리자나방** *Pachista superans*

먹이식물: 함박꽃나무(*Magnolia sieboldii*), 목련(*Magnolia kobus*)

유충시기: 8~9월 유충길이: 30mm
우화시기: 10월 날개길이: 42mm 채집장소: 구례 성삼재

유충 머리는 원뿔 모양이다. 몸은 녹색이며 미세한 연두색 줄무늬가 있고 통통하다. 어린 꽃봉오리 옆에
있으면 거의 구별되지 않는다. 매우 더디 자라고, 령이 바뀌어도 형태나 색상 변화가 거의 없다. 잎을 잘
라 붙이고 번데기가 되어 12일 지나 우화한 개체도 있었고, 유충으로 있다가 겨울에 죽은 개체도 있어
서, 유충으로 월동하는 것으로 보인다. 성충 날개는 회청색이며 갈색과 검은색 선점이 있고, 전연 가까이
에 검은색 줄무늬가 3개 있다. 날개 가운데 부분은 옅은 미색이다. 날개 외연에 검은 점줄이 있다.

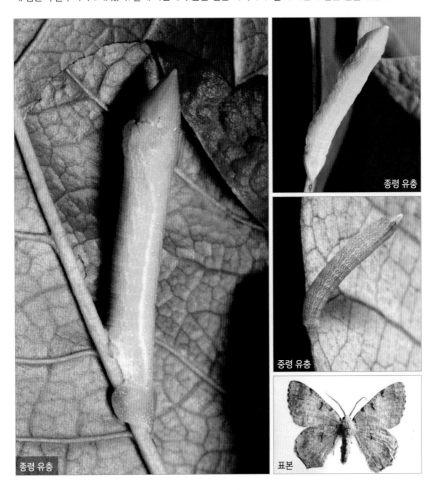

종령 유충

중령 유충

종령 유충

표본

P-3-3 **각시자나방** *Dindica virescens*

먹이식물: 비목나무(*Lindera erythrocarpa*)

유충시기: 6월, 8~9월 유충길이: 25~30mm

우화시기: 7월, 이듬해 4월 날개길이: 33~39m 채집장소: 장성 백암산, 밀양 재약산, 산청 백운계곡

유충 머리는 녹색이고 정수리 양쪽에 붉은 점이 있다. 몸은 녹색이고 작고 흰 점줄과 짧은 털이 있다. 배 옆 기문 아래 노란 줄은 굵다. 몸을 활처럼 구부려 정지 자세를 취하고 있을 때가 많다. 잎을 붙이고 번데기가 되며, 이 상태로 월동한다. 성충 앞날개는 갈색과 녹색이 섞여 있으며, 외횡선은 중간쯤에서 바깥쪽으로 강하게 튀어나와 아외연선과 만난다. 1년에 2회 발생한다.

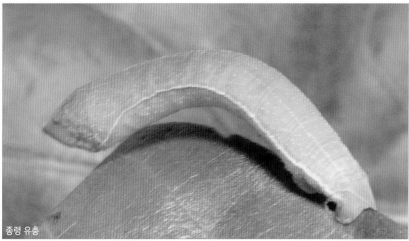

종령 유충

종령 유충

중령 유충

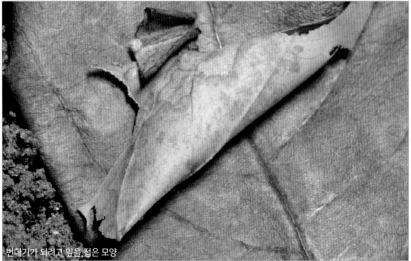

번데기가 되려고 잎을 접은 모양

성충

표본

P-3-4 **검띠발푸른자나방** *Agathia visenda*

먹이식물: 마삭줄(*Trachelospermum asiaticum*)

> 유충시기: 5월, 6월, 10월 유충길이: 25mm
> 우화시기: 5월, 7월, 이듬해 3월 날개길이: 25~33mm 채집장소: 보성 제석산, 완도수목원

유충은 갈색형과 녹색형이 있고, 통통한 편이며, 배 아랫면에 굵고 흰 줄이 있다. 나뭇가지에서 움직이지 않고 있으면 나뭇가지와 구별할 수 없다. 잎을 접어 붙이고 번데기가 되어 13일 지나면 우화한다. 성충 날개는 밝은 녹색이며 앞날개 전연과, 전연에서 외연과 후연에 걸쳐 있는 무늬, 가운데 있는 줄무늬는 갈색이다. 가운데 줄무늬가 후연과 거의 수직인 점으로 검띠자나방과 구별한다. 뒷날개 외연 가까이에도 갈색 무늬가 있다.

유충 갈색형

유충 녹색형

유충 머리

나무줄기에 있는 유충

성충

표본

P-3-5 **왕무늬푸른자나방** *Eucyclodes difficta*

먹이식물: 갯버들(*Salix gracilistyla*)

| 유충시기: 5~6월 유충길이: 20mm
| 우화시기: 5~6월 날개길이: 32~34mm 채집장소: 순천 선암사

유충 머리는 밑으로 숙여 잘 보이지 않고, 배마디마다 양쪽으로 삼각 깃 모양으로 튀어나온 부분이 있어서 마치 양치식물 잎처럼 보인다. 몸은 녹색이고 흰 실 같은 것이 흩어져 있으며 기문선은 굵은 흰색이다. 흑자색 무늬가 있는 개체도 있다. 잎을 붙이고 번데기가 되어 17일 지나면 우화한다. 성충 날개는 녹색이고 앞날개 외횡선 바깥쪽으로 흰색 무늬가 있으며 후연 끝부분에 사각 무늬가 있다. 뒷날개 전연 중간에서 후연까지 넓게 연갈색 무늬가 있다.

종령 유충

종령 유충

중령 유충

성충

표본

P-3-6 **애기기생푸른자나방** *Jodis angulata*

먹이식물: 찔레(*Rosa multiflora*)

> 유충시기: 8월 유충길이: 22mm
> 우화시기: 9월 날개길이: 16mm 채집장소: 순천 왕의산

유충 머리 양쪽이 원뿔 모양으로 솟았다. 몸은 녹색이고 가늘고 희미한 흰 줄이 있다. 배마디 사이에 붉은 점무늬가 있다. 잎 사이에서 녹색 번데기가 되어 10일 지나면 우화한다. 성충 날개 내횡선과 외횡선은 흰색이며 톱날 모양이고 뚜렷하다. 내횡선과 외횡선 사이는 짙은 녹색이다.

유충

유충

성충

표본

P-3-7 **톱니줄무늬푸른자나방** *Jodis urosticta*

먹이식물: 붉가시나무(*Quercus acuta*), 사스레피나무(*Eurya japonica*)

유충시기: 5월, 7월, 8월　유충길이: 22~25mm

우화시기: 6월, 8월, 9월　날개길이: 17~21mm　채집장소: 완도수목원

애기기생푸른자나방 유충과 생김새가 아주 유사하다. 노란색, 쑥색, 녹색 등 색상에 변이가 있다. 잎을 붙이고 번데기가 되어 2주 정도 지나면 우화한다. 성충도 애기기생푸른자나방과 생김새가 비슷하나 앞날개 외연이 흰 점으로 이루어지고, 앞뒤 날개 내횡선과 외횡선 사이에 작고 둥근 흰색 점이 있는 것으로 구별한다. 1년에 3회 이상 발생하는 것으로 보인다.

유충 녹색형

유충 쑥색형

유충 황색형

성충

표본

P-3-8 **벚나무제비푸른자나방** *Maxates illiturata*

먹이식물: 벚나무(*Prunus serrulata* var. *spontanea*)

> 유충시기: 5월 유충길이: 40mm
> 우화시기: 5월 날개길이: 32mm 채집장소: 밀양 재약산

유충 머리는 갈색이고 가슴은 연두색이며, 배는 적자색이다. 정지 자세일 때 몸을 활 모양으로 약간 구부린다. 잎을 붙이고 번데기가 되어 16일 지나면 우화한다. 성충 날개는 짙은 녹색이며, 앞날개 내횡선과 외횡선은 흰색이고 톱날 모양이다. 연모는 짧고 연한 황갈색이다. 전연은 황갈색이고 갈색 점이 있다. 뒷날개 뒤 끝이 약간 튀어나왔다.

유충

성충

표본

P-3-9 **제비푸른자나방** *Maxates protrusa*

먹이식물: 붉가시나무(*Quercus acuta*)

| 유충시기: 5월 유충길이: 38~40mm
| 우화시기: 6월 날개길이: 28~31mm 채집장소: 완도수목원

유충 머리 양쪽이 원뿔처럼 솟았고 몸은 가늘고 아주 길다. 몸은 녹색이고 배마디마다 윗면에 아주 작고 붉은 점이 1쌍씩 있다. 잎을 붙이고 번데기가 되어 2주가 지나면 우화한다. 성충 날개는 녹색이고 횡선은 흰색으로 톱니 모양이나 조금 희미하고 연녹색으로 둘렸다. 앞날개 외연은 흑갈색이며, 뒷날개 외연은 노란색이고 뒤 끝은 약간 뾰족하게 튀어나왔다.

유충

유충

성충

표본

P-3-10 **푸른줄푸른자나방** *Hemithea marina*

먹이식물: 차나무(*Thea sinensis*), 졸참나무(*Quercus serrata*), 노박덩굴(*Celastrus orbiculatus*)

유충시기: 9월, 10~11월 **유충길이:** 15~20mm
우화시기: 10월, 12월 **날개길이:** 16.5~20mm **채집장소:** 광양 백운산자연휴양림, 담양 금성산성

유충 몸은 연두색이며, 전체가 미세한 털로 덮였다. 배마디 사이에는 적갈색 점무늬가 있고, 가슴에서 배 끝까지 가운데에 적갈색 줄이 있으며(이 줄이 희미한 개체도 있다), 1배마디에는 가로로 갈색 줄이 있다. 잎을 접어 붙인 뒤에 구멍을 여러 곳 내고, 번데기가 되어 20일 지나면 우화한다. 10월에 발견한 유충을 방 안에 두니 12월에 우화했다. 성충 날개는 짙은 녹색이고 내횡선과 외횡선은 흰색이며, 외연은 짙은 녹색이다. 횡선이 시맥과 만나는 곳은 작고 흰 원 모양이다.

유충

번데기가 되려고 잎을 붙인 모양

성충

표본

P-3-11 **두줄푸른자나방** *Idiochlora ussuriaria*

먹이식물: 수리딸기(*Rubus corchorifolius*)

| 유충시기: 5월 **유충길이:** 18mm
| 우화시기: 6월 **날개길이:** 20mm **채집장소:** 순천 접치재

유충 머리는 갈색이며 양쪽이 삼각뿔 모양으로 솟았다. 몸은 갈색이며 짧고 흰 털이 있고 흑갈색 털이 1~3배마디에 있다. 녹색푸른자나방 유충과 생김새가 비슷하나 녹색푸른자나방은 배마디마다 털 다발이 솟았다. 잎을 붙이고 번데기가 되어 10일 지나면 우화한다. 성충 앞날개 내횡선과 외횡선은 흰색이고 내횡선 바깥쪽, 외횡선 안쪽은 쑥색으로 둘렸으며 굴곡이 심하지 않다. 뒷날개 외횡선도 흰색이고 안쪽은 쑥색으로 둘렸다. 광식성이다.

유충

표본

P-3-12 **네점푸른자나방** *Comibaena amoenaria*

먹이식물: 진달래(*Rhododendron mucronulatum*), 철쭉(*Rhododendron schlippenbachii*)

유충시기: 5~6월 유충길이: 20mm

우화시기: 6~7월 날개길이: 25~28mm 채집장소: 남원 뱀사골, 구례 성삼재

유충 머리는 갈색이며 줄무늬가 있다. 몸은 황갈색이며 연갈색 줄무늬가 있다. 머리를 배 쪽으로 감고 몸에 난 가시 같은 돌기에 잎 조각을 붙이고 지낸다. 잎을 붙이고 번데기가 되어 11~12일 지나면 우화한다. 성충 날개는 녹색이며, 앞날개 뒤 끝에 적갈색 삼각 무늬, 뒷날개 앞 끝에 작은 적갈색 삼각 무늬가 2개 있다. 앞뒤 날개 중간에 작고 검은 점이 있다. 광식성으로 알려졌다.

유충

잎을 먹는 모습

위장

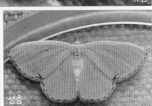

성충

표본

P-3-13 **쌍눈푸른자나방** *Comibaena argentataria*

먹이식물: 새우나무(*Ostrya japonica*)

| 유충시기: 5월 **유충길이:** 20mm
| 우화시기: 6월 **날개길이:** 24mm **채집장소:** 완도수목원

유충 몸 중앙으로 갈색 줄이 있고 그 옆에 연황갈색과 흰색 줄이 여럿 있으며, 흰색 털이 있다. 가슴과 배 양쪽에 못 같은 돌기가 있으며 여기에 시든 잎이나 작은 가지를 붙이고 지낸다. 몸에 여러 가지를 붙인 상태에서 허물을 벗고 번데기가 되어 12일 지나면 우화한다. 성충 앞날개 외횡선 후연 가까이에 미색 무늬가 안쪽으로 튀어나왔고 그 옆에 회색 무늬가 있다. 앞날개 중간에 검은 점이 있다. 뒷날개 전연과 외연에 걸쳐 회색 무늬가 있다.

유충

잎과 가지를 붙인 유충

성충

표본

P-3-14 **애기네눈박이푸른자나방** *Comostola subtiliaria*

먹이식물: 사철나무(*Euonymus japonica*) 꽃 , 꽝꽝나무(*Ilex crenata*)

유충시기: 6~7월 유충길이: 10~13mm
우화시기: 6~7월 날개길이: 12~17mm 채집장소: 순천 봉화산, 광양 성불계곡, 완도수목원

유충 머리는 다갈색, 앞가슴은 갈색이다. 몸은 연녹색이다. 배마디마다 윗면에 흑자색 점무늬가 있다. 크기도 작고 녹색이어서 눈에 잘 띄지 않는다. 꽃잎이나 어린잎을 먹는다. 꽃자루 사이나 잎에 실을 대강 치고 번데기가 되어 6~12일 지나면 우화한다. 성충 날개는 녹색이며, 가운데 미색으로 싸인 갈색 눈알무늬가 있고, 내횡선과 외횡선은 미색 무늬로 이루어졌다. 광식성으로 알려졌다.

유충

유충

번데기

성충

표본

P-3-15 **멋쟁이푸른자나방** *Mixochlora argentifusa*

먹이식물: 가시나무(*Quercus myrsinaefolia*), 붉가시나무(*Quercus acuta*), 밤나무(*Castanea crenata*)

유충시기: 9~10월　유충길이: 20mm
우화시기: 9~10월　날개길이: 32~41mm　채집장소: 완도수목원, 장흥 천관산동백숲 임도

중령 유충 앞가슴에 작은 돌기가 머리 위로 약간 튀어나왔고, 몸 앞부분에는 흰색과 흑갈색 꺾쇠 무늬가, 뒷부분에는 연두색과 흰색 꺾쇠 무늬가 있으며, 그 위로 짧고 흰 털이 덮였다. 종령 유충이 되면 머리에 갈색과 흰색 줄무늬가 있고, 몸에는 갈색과 연두색 무늬가 더 선명하게 드러난다. 잎을 붙이고 17일 지나면 우화한다. 성충 날개는 회백색이고 녹색 사선 무늬가 있다. 날개 끝은 약간 갈고리 모양이다.

종령 유충

중령 유충

어린 유충

성충

표본

P

P-4-1 **푸른애기자나방** *Symmacra solidaria*

먹이식물: 헛개나무(*Hovenia dulcis*), 장구밥나무(*Grewia biloba* var. *parviflora*)

유충시기: 8월   유충길이: 23mm
우화시기: 8월   날개길이: 18mm   채집장소: 나주 산림자원연구소, 담양 금성산성

유충 머리에는 가느다란 꺾쇠 무늬가 많고 흰 줄이 2개 있다. 몸은 녹갈색이고 가늘고 흰 점줄이 있다.
잎을 붙이고 번데기가 되어 10일 지나면 우화한다. 성충 날개는 녹색이고 횡선은 가늘고 짙은 녹색이다.
아외연선은 톱날 모양이며 색이 더 짙고 바깥쪽은 회백색으로 둘렸다.

유충
유충
성충
표본

P-4-2 **큰눈흰애기자나방** *Problepsis eucircota*

먹이식물: 쥐똥나무(*Ligustrum obtusifolium*)

| **유충시기:** 6월, 8월 **유충길이:** 40~45mm
| **우화시기:** 6월, 9월 **날개길이:** 28~30mm **채집장소:** 완도수목원, 장흥 천관산동백림 임도

유충 머리는 갈색이고 정수리 양쪽으로 빗살무늬가 있다. 몸은 연갈색이거나 연녹색이며 배마디마다 양쪽에 작은 흑갈색 점무늬가 있다. 몸 전체에 가로로 가는 줄이 있고 배마디마다 양쪽에 작은 돌기가 있다. 잎을 붙이고 번데기가 되어 13일 지나면 우화한다. 성충은 유사종이 많은데, 앞날개 큰 눈알 무늬 속에 굵고 검은 줄이 2개 있는 점과 연모 전체가 흰 점으로 구별한다.

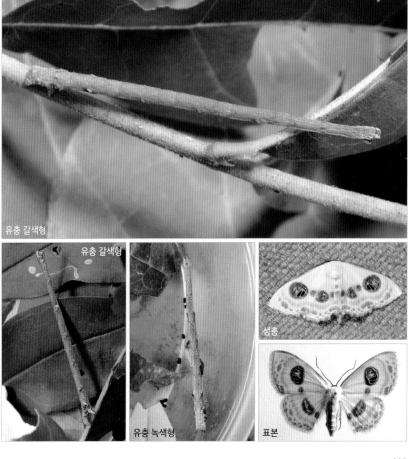

유충 갈색형

유충 갈색형

성충

유충 녹색형

표본

P

P-4-3 **줄무늬애기자나방** *Scopula semignobilis*

먹이식물: 등골나물(*Eupatorium chinense* var. *simplicifolium*)

유충시기: 7월   유충길이: 27mm
우화시기: 8월   날개길이: 20mm   채집장소: 광양 서울대학술림

유충은 아주 가늘다. 머리와 가슴에 희미한 붉은 줄이 있고, 뒷가슴에는 검은 점무늬가 2개 있다. 몸에는 가는 세로줄이 있다. 방해를 받으면 몸을 둥글게 만다. 흙 속에 들어가 고치를 틀고 번데기가 된다. 성충 날개는 흰색이고 연갈색 선점이 많으며, 횡선도 연갈색이다. 외연에는 검은 점줄이 있다. 횡맥점은 앞뒤 날개 모두 뚜렷하다.

종령 유충

중령 유충

성충

표본

P-5-1 **띠무늬초록물결자나방** *Sauris marginepunctata*

먹이식물: 고로쇠나무(*Acer mono*), 후박나무(*Machilus thunbergi*)

| **유충시기:** 7월 **유충길이:** 20mm
| **우화시기:** 7~8월 **날개길이:** 20m **채집장소:** 광양 성불계곡, 완도 수목원

머리와 가슴은 연두색이고 배는 녹색, 기문선은 연두색이다. 잎을 붙이고 번데기가 되어 2주가 되지 않아 우화한다. 성충은 정지해 있으면 마치 치마를 펼쳐 놓은 것 같다. 앞날개는 녹색과 갈색 횡선이 물결모양을 이룬다. 뒷날개는 갈색이며, 수축된 듯 작고, 뒤 끝부분이 작고 검은 나뭇잎 모양으로 튀어나왔다. 광식성이다.

유충

성충

표본

P

P-5-2 **뒷잔날개물결자나방** *Trichopteryx hemana*

먹이식물: 복분자딸기(*Rubus coreanus*)

유충시기: 5월   유충길이: 18mm

우화시기: 이듬해 3월   날개길이: 15mm   채집장소: 구례 성삼재

유충 머리와 몸은 연두색이고 기문 아래에 노란 줄이 있다. 정지해 있으면 아치 모양을 이룬다. 잎을 붙이고 번데기가 되어 이듬해에 우화한다. 성충 날개는 무척 얇고, 앞날개는 옅은 회색이며 띠무늬가 여럿 있는데, 전연부와 후연부에서는 색이 진하며, 후연부 것에는 붉은빛이 조금 돈다. 광식성으로 알려졌다. 1년에 1회 발생한다.

유충

성충

표본

P-5-3 **밑점무늬잔날개물결자나방** *Trichopteryx polycommata*

먹이식물: 병꽃나무(*Weigela subsessilis*)

유충시기: 5월　유충길이: 18mm

우화시기: 이듬해 3월　날개길이: 25mm　채집장소: 인제 계명산

유충은 녹색이고 몸 양쪽이 노란색으로 둘렸으며, 배 끝은 세모 모양이다. 정지 자세일 때는 몸을 약간 둥글게 말아 아치 모양을 이룬다. 흙 속에 들어가 번데기가 된다. 성충 앞날개는 삼각형에 가깝고 반투명하다. 전연과 후연에는 검은 띠무늬가 있다. 날개 끝 외연 가까이에도 검은 무늬가 있다.

유충

성충

표본

P-5-4 **쌍검은띠잔날개물결자나방** *Trichopterigia consobrinaria*

먹이식물: 붉가시나무(*Quercus acuta*), 구실잣밤나무(*Castanopsis sieboldii*)

유충시기: 5월 유충길이: 15mm

우화시기: 이듬해 3월 날개길이: 21mm 채집장소: 완도수목원

유충은 황색형과 적색형이 있으며, 각 배마디 뒷부분에 자갈색 띠무늬가 있고, 이 무늬 위에 작은 돌기
가 1쌍씩 솟았다. 잎을 먹기도 하나 구실잣밤나무 수꽃을 아주 많이 먹으며, 꽃 옆에 있으면 꽃과 잘 구
별되지 않는다. 흙 속에 들어가 번데기가 된다. 성충 날개는 우화 직후에는 앞날개 횡선 띠무늬가 녹색
을 띠나 곧 녹갈색으로 변한다. 암컷 날개 중횡선대와 외횡선대 무늬는 떨어져 있으나, 수컷 날개는 내
횡선대와 외횡선대가 중간에서부터 붙어 있다.

유충 적색형

유충 황색형

성충 수컷

성충 암컷

표본 수컷

표본 암컷

P-5-5 **뒷흰얼룩물결자나방** *Esakiopteryx volitans*

먹이식물: 갈참나무(*Quercus aliena*) 수꽃

유충시기: 4월 **유충길이:** 18mm

우화시기: 이듬해 3월 **날개길이:** 25mm **채집장소:** 하남 검단산

중령 유충은 녹색이다. 종령 유충 머리는 황갈색이며 몸은 검은색과 연두색이 섞여 있고 배마디마다 굵은 황갈색 돌기가 있다. 수꽃 속을 파먹는데, 수꽃이 갈색으로 변하면 유충 색과 비슷해서 꽃 속에 있으면 눈에 잘 띄지 않는다. 흙 속에 들어가 번데기가 된다. 성충 앞날개 내횡선대, 중횡선대, 외횡선대, 아외연선대는 검은 선으로 둘러싸인 녹색 벽돌이 이어진 듯한 모양이다. 횡선 사이는 갈색이다. 뒷날개는 흰색이고 작다.

종령 유충

중령 유충

성충

표본

P-5-6 **푸른물결자나방** *Leptostegna tenerata*

먹이식물: 왕머루(*Vitis amurensis*)

| 유충시기: 7월 유충길이: 20mm
| 우화시기: 8월 날개길이: 22mm 채집장소: 구례 성삼재

유충은 녹색이고 배 양쪽에 노란색과 붉은색 줄이 있다. 흙 속에 들어가 번데기가 되어 25일 지나면 우화한다. 성충 앞날개는 녹색이나 반투명해 시맥이 다 보인다. 외횡선은 흰색이며 희미하고, 횡맥문은 작은 흰 원으로 뚜렷하다. 뒷날개는 옅은 백록색이다.

유충

성충

표본

P-5-7 **얼룩물결자나방** *Tyloptera bella*

먹이식물: 두릅나무(*Aralia elata*)

유충시기: 7월, 8월 **유충길이:** 20~25mm

우화시기: 9월, 이듬해 5월 **날개길이:** 24~25mm **채집장소:** 순천 왕의산

유충 머리는 살구색이고 몸은 연두색이며, 배는 뒤로 갈수록 굵어졌다가 가늘어지고 배 끝은 뾰족하다. 흙 속에 들어가 번데기가 된다. 성충 앞날개는 흐릿한 황토색이고, 아외연선은 흰색이며 바깥쪽에 흑녹색 무늬가 있다. 전연에는 흑갈색 띠무늬가 있으며 중간에 있는 것은 넓고 크다. 검은 횡맥점은 날개마다 뚜렷하다. 두릅나무 단식성이다.

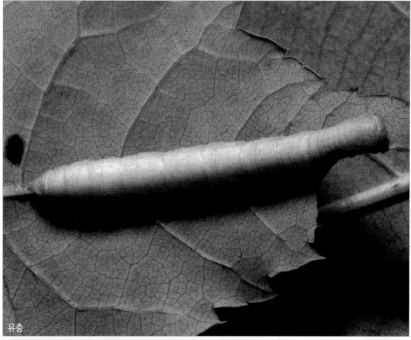

유충

성충

표본

P-5-8 **긴날개꼬마물결자나방** *Gymnoscelis deleta*

먹이식물: 청미래덩굴(*Smilax china*)

유충시기: 8월, 9월 유충길이: 12mm

우화시기: 8월, 10월 날개길이: 15~16mm 채집장소: 순천 계족산

유충 머리는 다갈색이다. 가슴과 배는 황갈색이고, 배마디마다 윗면에 흑갈색 삼각 무늬가 연결되며, 배 양쪽에도 연결된 갈색 무늬가 있다. 어린잎을 실로 붙이고 여러 마리가 같이 지내며, 똥도 붙여 놓는다. 먹은 잎은 녹아 버려 물이 흥건하나 더운 날씨에 곧 마른다. 줄기 속도 파고들어 먹는다. 흙 속에 들어가 고치를 틀고 번데기가 되어 20일 지나면 우화한다. 성충 날개는 흑갈색이며 횡선은 회색이다. 뒷날개 후연부에 미색 사각 무늬가 있다. 1년에 여러 차례 발생하는 것으로 보인다.

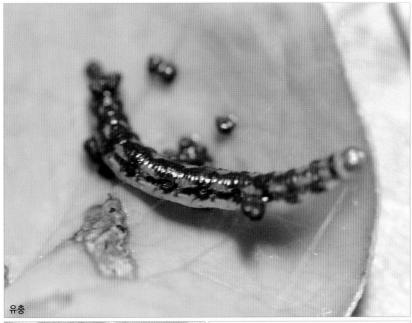

유충

성충

표본

P-5-9 **끝뾰족점물결자나방** *Gymnoscelis esakii*

먹이식물: 사위질빵(*Clematis apiifolia*), 산초나무(*Zanthoxylum schinifolium*) 꽃봉오리

유충시기: 8월　유충길이: 13mm

우화시기: 8월　날개길이: 13~14mm　채집장소: 광양 한재

유충은 갈색형과 녹색형이 있으며 중간에 흑갈색 줄이 있고 배마디마다 흑갈색 꺾쇠 무늬가 있다. 그러나 무늬가 없는 녹색형도 있다. 유충은 주로 꽃봉오리를 먹는다. 잎에서 번데기가 되기도 하고 흙 속에 들어가 번데기가 되기도 한다. 번데기가 된 지 8~10일이 지나면 우화한다. 성충 날개에 흑갈색과 갈색으로 된 톱날 무늬가 여럿 있다. 앞날개 전연 끝은 뾰족하다. 앞날개 아외연선 중간쯤에 작은 연갈색 무늬가 있고, 뒷날개 후연 중간쯤에도 연갈색 꺾쇠 무늬가 있다. 여러 식물의 꽃과 꽃봉오리를 먹는다.

유충 녹색형

유충 갈색형

성충

표본

P-5-10 **담흑물결자나방** *Triphosa dubitata*

먹이식물: 갈매나무(*Rhamnus davurica*)

유충시기: 5월　유충길이: 25mm
우화시기: 6월　날개길이: 33~36mm　채집장소: 가평 명지산

유충 머리는 노란색이며, 가슴과 몸은 백록색이다. 배 윗면 양쪽에 검은 줄이 있거나 미색 줄이 있다. 잎을 반 접거나 2장을 붙여 풍선처럼 만들고 들락이며 먹는다. 잎을 붙이거나 흙 속에 들어가 번데기가 되어 보름 지나면 우화한다. 성충 시맥은 연황갈색과 갈색으로 드러나 있으며 횡선은 동글동글한 물결 모양이다. 전연에 굵고 검은 줄이 있다. 갈매나무과 식물을 먹는다.

유충

유충

잎을 붙인 모양

성충

표본

P

P-5-11 **큰담흑물결자나방** *Triphosa sericata*

먹이식물: 짝자래나무(*Rhamnus yoshinoi*)

유충시기: 4월   유충길이: 30mm

우화시기: 5월   날개길이: 48mm   채집장소: 광주 용추계곡

유충 머리는 검으나 가슴에 묻혀 잘 보이지 않는다. 배 윗면에는 흰색과 검은색 줄이 교대로 있고, 가슴과 배 끝에는 노란색 줄무늬가 있다. 배마디마다 기문 위에는 검은색 무늬가 2개씩 있다. 잎을 붙이고 번데 기가 되어 25일 지나면 우화한다. 성충 날개는 회색이며 희미한 물결무늬가 여럿 있는데 앞날개 전연 부분 것은 색이 짙다. 날개 중간에도 흑갈색 무늬가 있다. 내횡선대와 아외연선대 후연 근처, 뒷날개 후연 끝 부분에 주홍색 부분이 있다. 여름을 동굴에서 지내는 것으로 알려졌다. 갈매나무과 식물을 먹는다.

* 유충 사진은 이정학 씨가 찍은 것이다.

유충

성충

유충

표본

248

P-5-12 **흰그물물결자나방** *Evecliptopera illitata*

먹이식물: 으름덩굴(*Akebia quinata*)

유충시기: 6~7월   유충길이: 23mm

우화시기: 6~8월   날개길이: 21~22mm   채집장소: 보성 제석산, 순천 선암사

유충 머리, 몸통 모두 백록색이며, 배마디 사이에 작고 검은 점이 있는데 보이지 않는 마디도 있다. 잎을 붙이고 번데기가 되어 9일 지나면 우화한다. 성충 앞날개는 흑갈색이고 후연 끝에 노란색 불꽃 무늬가 있다. 으름덩굴과 식물을 먹으며, 1년에 2회 이상 발생하는 것으로 보인다.

유충

성충

표본

P-5-13 **노랑그물물결자나방** *Eustroma aerosum*

먹이식물: 개다래(*Actinidia polygama*), 다래(*Actinidia arguta*)

유충시기: 6~8월 유충길이: 17mm
우화시기: 8~10월 날개길이: 28~31mm 채집장소: 구례 성삼재

유충 머리는 살구색, 몸은 백록색이다. 어린 유충이나 종령 유충이나 생김새 변화가 별로 없다. 노숙 유충이 되면 붉은색으로 변한다. 여기저기 구멍을 내며 먹고, 먹지 않을 때는 항상 몸을 아래로 축 늘어뜨리고 있다. 잎을 붙이고 번데기가 되어 40일 지나 우화한 것도 있고 70일 만에 우화한 것도 있었다. 성충은 그물물결자나방과 생김새가 아주 비슷하나 크기가 더 크고 뒷날개 전연에 적갈색 사각 무늬가 있는 것으로 구별한다(표본에서는 조금 가려져 삼각 무늬로 보인다. 그물물결자나방은 작은 점이 있다).

종령 유충

종령 유충 노숙 유충

성충

표본

P-5-14 **애기잔물결자나방** *Lobogonodes multistriata*

먹이식물: 담쟁이덩굴(*Parthenocissus tricuspidata*)

유충시기: 5월 유충길이: 18mm
우화시기: 6월 날개길이: 18mm 채집장소: 장흥 천관산 임도

유충 몸은 자갈색이고 배 윗면은 연녹색이며 짙은 갈색 꺾쇠 무늬가 있다. 성충 날개는 흑갈색이고, 흰색과 갈색 횡선이 많으며 외횡선대는 바깥쪽으로 크게 휘었다. 중횡선대 바깥쪽에는 흰색으로 싸인 크고 검은 횡맥문이 있다.

유충

성충

표본

P

P-5-15 **굵은외횡선물결자나방** *Venusia megaspilata*

먹이식물: 개서어나무(*Carpinus tachonoskii*)

> 유충시기: 4~5월   유충길이: 15mm
> 우화시기: 이듬해 3월   날개길이: 20mm   채집장소: 밀양 재약산

어린 유충 머리는 노란색, 몸은 녹색이고 양쪽에 검은 점이 있다. 종령 유충 머리는 노란색이며 크고 검은 무늬가 2개 있고 몸에도 둥글고 검은 무늬가 많다. 주로 몸을 완전히 접고 있을 때가 많다. 흙 속에 들어가 고치를 틀고 번데기가 되어 이듬해 이른 봄에 우화한다. 성충 앞날개 외횡선대는 연갈색 선 3개로 이루어지고, 외횡선대와 전연에 걸쳐 굵고 검은 줄이 있다.

종령 유충

성충

중령 유충

표본

P-5-16 **쌍봉꼬마물결자나방** *Hydrelia bicauliata*

먹이식물: 굴피나무(*Platycarya strobilacea*)

> **유충시기:** 5월　**유충길이:** 15mm
> **우화시기:** 이듬해 3월　**날개길이:** 20~22mm　**채집장소:** 밀양 재약산, 해남 대흥사

머리는 황갈색, 앞가슴은 검은색이다. 몸은 검은색이며 털받침이 솟았다. 몸이 짧고 통통하다. 흙 속에 들어가 고치를 틀고 번데기가 되어 이듬해에 우화한다. 날개는 연회갈색이고 물결 모양 횡선이 여러 개 있다. 앞날개 외횡선대는 중간까지는 굵은 흑갈색이고 그 아래는 가느다란 물결 모양 선 여러 개로 이루어졌다.

유충

성충

표본

P-5-17 **고운물결자나방** *Hydrelia nisaria*

먹이식물: 개서어나무(*Carpinus tachonoskii*)

> 유충시기: 6월, 7월 **유충길이:** 9~10mm
> 우화시기: 7월, 이듬해 5월 **날개길이:** 13~16mm **채집장소:** 순천 선암사

유충 머리는 검은색이고 몸은 노란색이며 털받침은 솟았다. 여름형은 흙 속에 들어가 흙으로 고치를 틀고 번데기가 되어 13일 지나면 우화한다. 성충 앞날개 내횡선대와 외횡선대는 주황색이고, 내횡선대 안쪽과 외횡선대 바깥쪽은 흰색이다. 각 시맥 사이는 초콜릿색이다. 횡맥점은 검은색으로 뚜렷하다. 1년에 2회 발생한다.

유충

노숙 유충

성충

표본

P-5-18 **참나무애기물결자나방** *Eupithecia niphonaria*

먹이식물: 종가시나무(*Quercus glauca*)

| 유충시기: 5월 **유충길이:** 17mm

| 우화시기: 이듬해 2월 **날개길이:** 20mm **채집장소:** 완도수목원

유충 머리는 작고 아래로 감추어서 잘 보이지 않는다. 몸은 자갈색이고 가슴부터 배 끝까지 양쪽에 노란색 줄이 있다. 흙 속에 들어가 흙으로 고치를 틀고 번데기가 된다. 성충 앞날개 내횡선대와 외횡선대는 넓고 옅은 황갈색이며 나머지는 흑갈색이다. 아외연선은 톱니 모양이고 흰색이다. 횡맥점은 검고 길며 뚜렷하다. 뒷날개 앞쪽 반은 연한 황갈색이고 뒤쪽 반은 회색이다.

유충

성충

표본

P-5-19 **고로쇠애기물결자나방** *Eupithecia proterva*

먹이식물: 갈참나무(*Quercus aliena*), 까마귀베개(*Rhamnella franguloides*), 밤나무(*Castanea crenata*)

유충시기: 5월 유충길이: 18mm
우화시기: 이듬해 3월 날개길이: 18mm 채집장소: 광주 용추계곡

유충 머리는 황갈색이며, 몸은 백록색이나 희미한 줄무늬가 있다. 3~5배마디 양쪽에 흑갈색 무늬가 있
다. 잎 여기저기에 작은 구멍을 내면서 잎을 먹는다. 흙 속에 들어가 고치를 틀고 번데기가 된다. 성충 앞
날개 중앙 전연에 흑갈색 삼각 무늬가 있고 검은 횡맥점이 삼각 무늬에 닿는다. 아외연선은 둥글고 흰
물결 모양이며, 후연 가까이에 작고 검은 무늬가 이 선에 붙어 있다.

유충

성충

표본

P-5-20 **긴점애기물결자나방** *Eupithecia repentina*

먹이식물: 키버들(*Salix koriyanagi*), 국수나무(*Stephanandra incisa*), 병꽃(*Weigela subsessilis*)

유충시기: 6월　**유충길이**: 20mm
우화시기: 9~11월　**날개길이**: 16~17mm　**채집장소**: 구례 계족산, 구례 성삼재, 광양 백운산

유충 머리는 살구색이며 작고 항상 밑으로 감추고 있어 잘 보이지 않는다. 몸은 가늘고 녹색이며 배 끝에 붉은 무늬가 있다. 잎을 붙이고 번데기가 되며, 여름이 지나 4달 만에 우화한다. 성충 날개는 흑갈색이고 중실 끝에 있는 흑색 점이 길다. 2배마디에 굵고 검은 줄이 있다.

유충

성충

표본

P-5-21 **쌍무늬물결자나방** *Catarhoe obscura*

먹이식물: 계요등(*Paederia scandens*)

> **유충시기:** 8월 **유충길이:** 30mm
> **우화시기:** 이듬해 5월 **날개길이:** 26mm **채집장소:** 장흥 천관산동백숲 임도

유충 몸은 갈색과 황갈색이 섞여 있으며 배마디마다 중간에 흰색, 아래는 검은색 작은 무늬가 있고 5, 6 배마디에는 꺾쇠 무늬가 있다. 성충 앞날개 내횡선대와 중횡선대는 흑갈색이며 외횡선대는 전연에서 1/3까지는 흑갈색이나 나머지는 물결무늬만 있다. 기부, 전연부, 후연부 외연부는 녹색이다.

유충

성충

표본

Q-1 **검은띠쌍꼬리나방** *Oroplema plagifera*

먹이식물: 정금나무(*Vaccinium oldhami*)

유충시기: 5월　유충길이: 10mm
우화시기: 5월　날개길이: 16mm　채집장소: 광양 서울대학술림

유충 머리와 8배마디는 주황색이다. 몸에는 검은색과 미색 줄이 번갈아 있고 털받침 돌기가 뾰족뾰족
하다. 흙 속에 들어가 번데기가 되어 12일 지나면 우화한다. 성충 날개는 회백색이고 전연, 후연, 외연 각
중간에 갈색과 회색이 섞인 큰 무늬가 있다. 성충은 앞날개는 양쪽으로 펴고 뒷날개는 접어 배에 붙이는
독특한 자세로 앉으며, 낮에도 눈에 잘 띈다.

유충

성충

표본

Q-2 **남도쌍꼬리나방** *Dysaethria cretacea*

먹이식물: 굴거리(*Daphniphyllum macropodum*)

유충시기: 5월   유충길이: 13mm
우화시기: 5월   날개길이: 22mm   채집장소: 완도수목원

유충 머리와 몸 전체가 광택이 나는 완전히 검은색이다. 어린잎 2장을 겹쳐 단단히 붙인 다음 잎을 먹으며 지낸다. 먹던 잎 속에서 번데기가 되어 12일 지나면 우화한다. 성충 앞날개는 회백색이며 흑갈색 외횡선 주위에 황토색 무늬가 있고, 외연 중간쯤에도 흑갈색 줄무늬가 있으며 주위에 황토색 부분이 있다. 뒷날개 외연은 후연각에서 뾰족하게 튀어나왔다. 성충은 뒷날개 가운데 부분을 위로 올려 접히게 앉는다.

유충

성충

표본

Q-3 흑점쌍꼬리나방 *Dysaethria moza*

먹이식물: 가막살나무(*Viburnum dilatatum*), 덜꿩나무(*Viburnum erosum*)

유충시기: 4월, 8월 유충길이: 13~15mm
우화시기: 4월, 8월 날개길이: 22~25mm 채집장소: 남원 뱀사골, 완도 화흥리 임도

유충 머리는 노란색이고 둥글고 검은 무늬가 1쌍 있다. 몸 윗면에도 마디마다 둥글고 검은 무늬가 있다. 배 옆면에 줄무늬가 있는 개체도 있고, 줄무늬가 희미한 개체도 있다. 잎 사이에 엉성하게 실을 몇 가닥 치고 번데기가 되어 봄형은 20일, 여름형은 10일 지나면 우화한다. 성충 날개는 연갈색이며 앞날개 후연 중간과 뒷날개 외횡선 끝부분에 갈색 무늬가 있다. 성충은 뒷날개 가운데 부분을 위로 올려 접히게 앉는다. 단식성으로 알려졌다.

유충

유충

성충

표본

R-1 **사과나무나방** *Odonestis pruni rufescens*

먹이식물: 개서어나무(*Carpinus tachonoskii*)

유충시기: 8~10월 **유충길이:** 70mm
우화시기: 10월 **날개길이:** 50mm **채집장소:** 순천 조계산

잎 뒤에 알이 5개 있었고 알 장축은 1.5mm 정도다. 부화한 유충은 5mm였다. 6회 탈피한 것으로 보이는데 어린 유충은 탈피 흔적을 찾기 어려워 확신할 수 없다. 중령 유충은 황갈색이고 털이 빽빽하다. 종령 유충이 되면 회백색, 갈색 등으로 색깔이 변한다. 방해를 받으면 가운데가슴에 있는 검은색과 보라색 털을 드러낸다. 잎을 살짝 말고 미황색 고치를 튼 뒤에 번데기가 되어 20일 지나면 우화한다. 성충 날개는 주황색이고 내횡선과 외횡선 사이에 둥글고 흰 무늬가 있다. 광식성이다.

종령 유충 갈색형

알

1령 유충

종령 유충 회색형

중령 유충

고치

성충

표본

S-1-1 **누에나방** *Bombyx mori*

먹이식물: 뽕나무(*Morus alba*)

| **유충시기:** 4~5월 **유충길이:** 60mm
| **우화시기:** 6월 **날개길이:** 38mm **채집장소:** 광양 서울대학술림

알은 흑갈색이며 약간 타원형으로 납작한 편이다. 1령 유충 몸길이는 3mm이고 머리와 몸이 모두 검은색이다. 3령은 머리가 회갈색이며, 가슴은 회색이고, 배에는 회색과 갈색 무늬가 있다. 8배마디에 아주 작은 돌기가 있다. 4회 허물을 벗은 뒤 종령 유충이 된다. 종령 유충 머리는 회갈색이고 가운데가슴에 검은색으로 싸인 붉은 눈알 무늬가 있으며 방해를 받으면 이것을 드러낸다. 2, 5배마디에 갈색 초승달 무늬가 있고 8배마디에는 뾰족한 돌기가 있다. 유충 기간은 약 한 달이다. 흰 고치를 틀고 번데기가 되어 보름 지나면 우화한다. 성충 앞날개 끝은 약간 갈고리 모양이고 몸 전체가 흰색이다. 온도를 조절하면 1년에 2회 발생한다고 한다.

* 박경현 씨가 준 알로 키웠다.

종령 유충

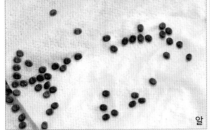

알

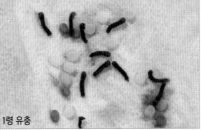

1령 유충

중령 유충

가슴 무늬

고치

성충

표본

S-2-1 **산왕물결나방** *Brahmaea tancrei*

먹이식물: 개회나무(*Syringa reticulata* var. *mandshurica*), 쥐똥나무(*Ligustrum obtusifolium*)

유충시기: 8월 **유충길이:** 90mm

우화시기: 이듬해 6월 **날개길이:** 112mm **채집장소:** 구례 성삼재

알은 반구형이고 지름 2.5mm이며, 아래 알 사진은 부화할 때가 가까워져 검게 변한 것이다. 1령 유충은 검고 긴 채찍 같은 돌기가 가운데·뒷가슴에 1쌍씩, 8배마디에 1개 있다. 3령이 되면 몸 윗면은 분홍색, 옆면은 주황색으로 변한다. 배마디마다 가운데에 검은 점이 있고, 양쪽에 검은 줄무늬가 2쌍씩 있으며, 8배마디 채찍 돌기와 배 끝 채찍 돌기도 뚜렷하게 나타난다. 이 채찍 돌기는 4령까지 있으며 위험을 느끼면 머리를 배 쪽으로 말아 넣고 돌기들을 휘두른다. 종령 유충이 되면 몸에 있던 돌기가 다 없어지고 몸 색깔은 옅은 녹두색이 된다. 가슴에 있던 돌기 자리에는 둥그런 분홍색 무늬가 생긴다. 위험을 느끼면 가슴을 웅크려 검은 눈알 무늬와 그 사이에 있는 빨간 무늬를 드러낸다. 성충 날개에는 물결무늬가 많다. 왕물결나방과 생김새가 아주 유사한데 배 전체가 검은 것으로 구별한다.

종령 유충

알 1령 유충

3령 유충

4령 유충

종령 유충

가슴 무늬

표본

S-3-1 **옥색긴꼬리산누에나방** *Actias gnoma mandsahurica*

먹이식물: 밤나무(*Castanea crenata*)

유충시기: 8월 **유충길이:** 65mm
우화시기: 이듬해 5월 **날개길이:** 90mm **채집장소:** 보성 제석산

긴꼬리산누에나방 유충과 생김새가 아주 유사한데, 머리가 녹색이고(긴꼬리산누에나방은 황갈색), 몸에 있는 볼링 핀처럼 생긴 돌기의 둘레 띠가 검은색인 것으로 구별한다(긴꼬리산누에나방은 황갈색). 잎을 두르고 갈색 고치를 튼다. 고치 속에서 방해를 받으면 몸을 움직여 소리를 낸다. 성충도 긴꼬리산누에나방과 생김새가 아주 유사한데, 뒷날개 눈알 무늬 아랫부분이 더 진하고 외횡선이 거의 직선인 것으로 구별한다(긴꼬리산누에나방은 무늬와 외횡선이 희미하거나 거의 나타나지 않는다).

유충

성충

표본

T-1-1 **박각시** *Agrius convolvuli*

먹이식물: 메꽃(*Calystegia japonica*), 고구마(*Ipomoea batatas*)

유충시기: 9~10월　유충길이: 70~80mm

우화시기: 이듬해 6월　날개길이: 88mm　채집장소: 광양 서울대학술림, 여수 금오도

유충은 무늬와 색상이 다양하다. 녹색형, 갈색형이 있고, 녹색에 적갈색 점무늬가 있는 것도 있으며, 검은색에 노란색 무늬가 있는 것도 있다. 머리에는 八자 무늬가 있다. 흙 속에 들어가 번데기가 되며, 번데기 머리에는 코끼리 코 같은 돌기가 있는데 이것은 나중에 주둥이가 된다. 주둥이는 75mm 정도로 아주 길다. 성충 배 가운데에 회색 줄이 있고 양쪽으로 검은색과 분홍색 줄무늬가 있다. 광식성이나 메꽃과 식물을 즐겨 먹는다.

유충 갈색형

유충 흑색형

번데기

성충

유충 녹색형

표본 주둥이 길이

T

T-1-2 **쥐박각시** *Meganoton scribae*

먹이식물: 함박꽃나무(*Magnolia sieboldii*)

유충시기: 7~8월 유충길이: 65~80mm

우화시기: 이듬해 5월 날개길이: 105mm 채집장소: 구례 성삼재, 남원 뱀사골

유충 머리는 연한 녹색이며 선점이 있다. 앞가슴에는 작은 돌기가 있다. 몸에는 작은 돌기가 가로 줄무늬를 이룬다. 종령 유충이 되면 배에 연두색 사선이 나타나며, 배 윗면에 적자색 무늬가 나타나는 개체도 있고 무늬가 없는 개체도 있다. 기생당하는 일이 많아 3년 동안 10마리를 키웠으나 모두 파리에 기생당하고 알부터 키운 것 한 마리만 우화했다. 성충 날개는 회갈색이며, 큰쥐박각시와 생김새가 비슷하나 쥐박각시 앞날개 전연 중간의 사선과 가로 줄무늬 그리고 날개 끝 가까운 곳의 반원 무늬가 더 굵은 것으로 구별한다.

종령 유충

1령 유충

종령 유충

성충

종령 유충

표본

T-1-3 **갈고리박각시** *Ambulyx koreana koreana*

먹이식물: 까치박달(*Carpinus cordata*), 서어나무(*Carpinus laxiflora*)

유충시기: 8월　유충길이: 70mm

우화시기: 이듬해 4월　날개길이: 80~90mm　채집장소: 구례 성삼재, 남원 뱀사골

유충 머리와 7개 사선 아랫부분은 백록색이며, 몸은 연두색이고 작은 알갱이 모양 돌기가 있다. 흙 속에 들어가 번데기가 된다. 성충 날개는 폭이 좁고 끝부분이 갈고리 모양이며, 중횡선과 외횡선 사이에 둥글고 검은 점이 있다. 먹이식물이 가래나무로 나와 있는 책이 있는데 조금 의심이 간다. 여러 차례 자작나무과 식물에서만 보았기 때문이다.

유충

유충

성충

표본

T-1-4 **작은등줄박각시** *Marumba jankowskii*

먹이식물: 피나무(*Tilia amurensis*)

유충시기: 8월　유충길이: 50mm

우화시기: 이듬해 4월　날개길이: 72~78mm　채집장소: 구례 성삼재, 남원 뱀사골

유충 머리는 백록색이며 흰색으로 둘렸다. 몸은 연두색이고 작은 털 모양 돌기가 있다. 배 끝 꼬리돌기는 붉은색이다. 흙 속에 들어가 번데기가 된다. 성충 날개 가장자리는 물결 모양이다. 제주등줄박각시와 생김새가 비슷하나 앞날개 뒤 끝부분 검은 무늬가 다르다.

유충

유충

성충

표본

T-1-5 **제주등줄박각시** *Marumba spectabilis*

먹이식물: 나도밤나무(*Meliosma myriantha*)

> **유충시기:** 7월, 9월 **유충길이:** 65~70mm
>
> **우화시기:** 8월, 이듬해 4월 **날개길이:** 68~85mm **채집장소:** 광양 서울대학술림, 광양 한재

유충 머리는 백록색이며 양쪽에 희미한 흰 줄이 있고, 아주 작은 흰 점이 있다. 몸은 연두색이며, 짧은 털 모양 돌기로 덮었다. 배 양옆 사선은 녹색이나 배 밑쪽은 붉은색이다. 배 아랫면은 백록색이고, 짧고 흰색과 붉은색인 털 모양 돌기가 나 있다. 여름형은 흙 속에 들어가 번데기가 되어 16일 뒤 우화한다. 성충은 생김새가 유사한 종이 많은데 앞날개 후연 끝 가까이에 있는 눈알 무늬의 검은 점이 갈색 원으로 둘러싸인 것으로 구별한다. 1년에 2회 발생한다.

유충

유충

성충

표본

T-1-6 **닥나무박각시** *Parum colligata*

먹이식물: 닥나무(*Broussonetia kazinoki*)

> **유충시기:** 8~9월 **유충길이:** 55mm
> **우화시기:** 이듬해 5월 **날개길이:** 70mm **채집장소:** 곡성 태안사, 순천 선암사

중령 유충 머리와 몸은 녹색이고 작은 털 모양 돌기로 덮였으며 가슴에서 꼬리까지 사선이 9개 있다. 종령 유충은 배 아랫면 털 모양 돌기가 붉은색을 띠며, 기문은 코발트색이다. 배에 사선이 7개 있고, 머리는 굵은 흰색 선으로 둘려 있다. 성충 앞날개에는 갈색과 쑥색 무늬가 있고 가운데에 흰 점무늬가 있다.

종령 유충

중령 유충

성충

표본

T-1-7 **벚나무박각시** *Phyllosphingia dissimilis*

먹이식물: 가래나무(*Juglans mandshurica*), 굴피나무(*Platycarya strobilacea*)

| 유충시기: 8월 유충길이: 65~75mm
| 우화시기: 이듬해 6월 날개길이: 90mm 채집장소: 순천 선암사, 광릉수목원

유충은 갈색형과 녹색형이 있고 몸에 작은 돌기가 있다. 녹색형 유충 머리는 녹색이며 흰색으로 둘렸고, 적갈색 사선이 7개 있으며, 배 아랫면은 녹색이고 적갈색 돌기가 있다. 배 끝 항문판은 삼각형으로 튀어 나왔고 작은 돌기가 있다. 방해를 받으면 "쉭~" 하고 풍선에서 바람 빠지는 듯한 소리를 낸다. 흙 속에 들어가 번데기가 되며, 번데기 배 끝은 납작한 사각형이다. 가래나무과 식물을 먹는데 이름이 혼동을 일으 킨다. 1년에 1회 발생한다.

유충 녹색형

유충 갈색형

번데기

성충

유충 녹색형

표본

T-2-1 **큰황나꼬리박각시** *Hemaris staudingeri ottonis*

먹이식물: 병꽃나무(*Weigela subsessilis*)

유충시기: 6~7월 유충길이: 50mm
우화시기: 7월 날개길이: 47mm 채집장소: 광양 백운사길

중령 유충 머리는 녹색이고, 몸은 백록색이며 양쪽에 미색 줄이 있다. 종령 유충이 되면 중간에 흰색 줄이 2개 생긴다. 검정황나꼬리박각시 유충과 생김새가 아주 비슷하고 먹이식물도 같은데, 기문 주위 색이 다르다. 검정황나꼬리박각시 유충은 기문이 붉은색이고 아래위가 흰색이며 기문 옆은 검은색이다. 지표면에 잎을 붙이고 번데기가 되어 15일 지나면 우화한다. 성충도 검정황나꼬리박각시와 아주 유사한데, 큰황나꼬리박각시는 날개 가장자리가 흑갈색이고, 6배마디 양쪽과 7배마디의 색이 노란색인 것을 빼고 다 검은색인 반면 검정황나꼬리박각시는 6배마디 전체와 7배마디 가운데 부분만 검은색이다.

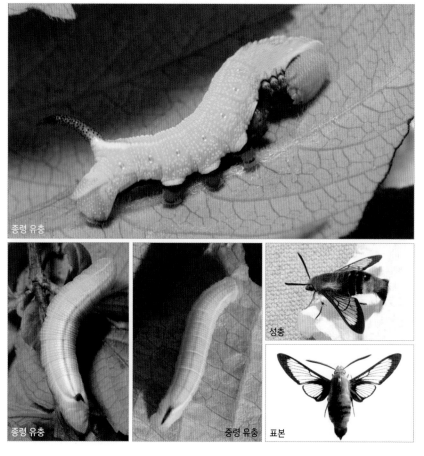

종령 유충

종령 유충

중령 유충

성충

표본

T-2-2 **줄녹색박각시** *Cephonodes hylas*

먹이식물: 치자나무(*Gardenia jasminoides*)

> 유충시기: 9~10월   유충길이: 55~60mm
> 우화시기: 이듬해 6월   날개길이: 52mm   채집장소: 여수 백운산휴양림, 순천 덕암동

알을 하나씩 또는 여러 개를 한 잎에 낳기도 한다. 중령 유충 앞가슴에는 작은 돌기가 있고, 몸 양쪽에 흰
줄이 있으며 둥근 청색 무늬가 배마디마다 있다. 종령 유충이 되면 배 윗면 흰 줄이 붉은색으로 변하는
개체도 있고, 사각 무늬가 나타나는 개체도 있는 등 변이가 많으나 기문 주위는 붉은색과 둥글고 흰 무
늬로 이루어진다. 앞가슴에 작은 돌기가 있고, 머리는 녹색이며 방해를 받으면 가슴 속으로 넣는다. 흙
속에 들어가 번데기가 된다. 성충 날개는 투명하고, 몸은 녹두색 털로 덮었으며 4배마디에 붉은 줄무늬
가 있다. 1년에 2회 발생한다.

종령 유충

알

중령 유충

성충

표본

종령 유충

T-2-3 **작은검은꼬리박각시** *Macroglossum bombylans*

먹이식물: 꼭두서니(*Rubia akane*)

유충시기: 8~9월 유충길이: 37mm
우화시기: 9월 날개길이: 43~44mm 채집장소: 순천 왕의산, 광양 백운산

유충 머리는 청록색이고 회백색 줄이 4개 있다. 몸은 연두색이고, 흰색 줄무늬가 4개 있으며 양쪽 가에 있는 것은 굵다. 작고 흰 돌기가 있고 양쪽에 있는 돌기는 길다. 꼬리돌기는 청색이나, 끝부분은 녹색과 주황색이다. 주요 먹이식물은 꼭두서니이나 없으면 다른 식물을 먹기도 한다. 잎을 붙이고 번데기가 되어 16~18일 만에 우화한다. 성충은 벌꼬리박각시와 비슷하나 뒷날개 기저에만 노란색 부분이 조금 있고, 가슴과 배가 녹두색인 것으로 구별한다.

유충

유충

성충

표본

T-2-4 **검은꼬리박각시** *Macroglossum saga*

먹이식물: 굴거리(*Daphniphyllum macropodum*)

유충시기: 5월, 7월 유충길이: 60mm
우화시기: 6월, 8월 날개길이: 58~60mm 채집장소: 완도수목원

중령 유충은 녹색이고 배 윗면 양쪽에 줄무늬가 있다. 종령 유충은 약간 붉은빛이 도는 회백색이며 기문은 주황색이다. 주로 어린잎을 먹는다. 잎 사이를 대강 엮고 번데기가 되어 20~22일 지나면 우화한다. 성충은 벌꼬리박각시와 생김새가 유사한데, 검은꼬리박각시는 뒷날개에 있는 노란색 무늬가 직선에 가까우나 벌꼬리박각시는 노란색 아랫부분이 아치 모양으로 휜다.

종령 유충

중령 유충

번데기

성충

표본

종령 유충

T-2-5 **노랑줄박각시** *Theretra nessus*

먹이식물: 마(*Dioscorea batatas*)

유충시기: 7월, 10월 **유충길이:** 70mm

우화시기: 8월 **날개길이:** 77mm 채집장소: 순천 봉화산

머리, 가슴, 배 모두 백록색이다. 배 윗면 가운데와 양쪽에 흰색 줄이 있고, 배 양옆에 흰색 사선이 7개 있다. 1, 2, 3배마디 양쪽에 작고 흰 눈알 무늬가 있다. 꼬리돌기는 주황색이다. 잎을 붙이고 번데기가 되어 19일 지나면 우화한다. 성충 앞날개 전연 부분은 녹색이고, 그 다음은 갈색, 연갈색, 갈색이다.

유충

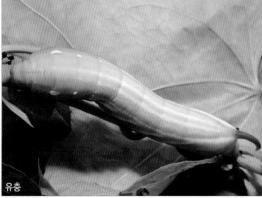

유충

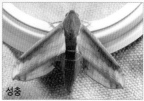

성충

표본

U-1-1 **갈고리재주나방** *Gangarides dharma coreanus*

먹이식물: 칡(*Pueraria thunbergiana*)

유충시기: 7월, 8~10월 **유충길이:** 65~70mm
우화시기: 8월 **날개길이:** 56mm **채집장소:** 보성 장양리, 남양주 명지산

중령 유충은 녹색이다. 종령 유충 머리 가운데는 연갈색이며 양쪽은 흑갈색이다. 몸은 갈색과 녹색, 검은색이 섞여 있는데, 배 윗면에 녹색이 더 많은 녹색형과 흑갈색이 더 많은 갈색형이 있다. 배 끝 다리는 배 끝에 꼬리돌기처럼 변해 있고, 위로 치켜들고 있고는 한다. 가운데·뒷가슴에는 깃 모양 돌기가 솟고 위험을 느끼면 돌기를 들어 검은색 눈알 무늬를 드러내는데 노란 줄이 있어 눈에 확 띈다. 여름형은 잎을 붙이고 번데기가 되어 25일 지나면 우화한다. 성충 앞날개는 황갈색이고, 갈색 횡선은 뚜렷하며, 내횡선과 중횡선 사이에 작고 흰 무늬가 있다. 앞날개 외연은 톱니 모양이고 날개 끝은 갈고리 모양으로 약간 휘었다. 1년에 2회 발생한다. 봄 우화는 계속 실패해 기록하지 못했다.

종령 유충 녹색형

종령 유충 갈색형

중령 유충

가슴 무늬

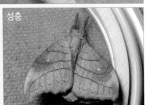

성충

표본

U-2-1 **은재주나방** *Harpyia umbrosa*

먹이식물: 갈참나무(*Quercus aliena*), 졸참나무(*Quercus serrata*) 등 참나무류

| 유충시기: 6~7월 **유충길이:** 35mm
| 우화시기: 이듬해 5월 **날개길이:** 44mm **채집장소:** 광양 백운산 한재, 보성 제석산, 순천 왕의산

어린 유충 몸은 갈색이고 1, 8배마디에 긴 가시 모양, 2~6배마디 짧은 가시 모양 돌기가 있으며, 배 끝은 방패 모양이다. 2, 5, 6배마디의 연두색은 빛에 따라 금빛으로 보이기도 한다. 종령이 되면 가슴의 갈색 부분은 녹색으로 변한다. 3, 4배마디는 갈색이고, 3~6배마디 밑부분에 갈색 그물 무늬가 있다. 종령 유충이 되기 전에는 약 5일 간격으로 탈피하나 종령 유충이 된 뒤 보름 동안 엄청 먹어 몸길이 20mm였던 것이 35mm 정도가 되고 몸이 팽팽해진다. 잎을 붙이고 번데기가 된다. 성충 날개는 투명한 회색이며, 앞날개 안쪽 반은 은빛을 띤다.

종령 유충

초령 유충

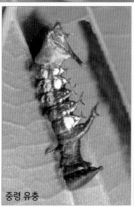
중령 유충

성충

표본

U-3-1 **밑노랑재주나방** *Notodonta dembowskii*

먹이식물: 물오리나무(*Alnus hirsuta*)

유충시기: 7월 　유충길이: 40mm

우화시기: 9월 　날개길이: 48mm 　채집장소: 구례 성삼재

종령 유충의 배 윗면은 녹색이며 1, 2, 3, 8배마디에 돌기가 솟았고, 배 끝 다리는 배 끝에 꼬리돌기로 변했다. 배 아랫면은 갈색이며 6배마디 다리에는 흰색 줄무늬가 있다. 잎을 붙이고 번데기가 되어 42일 지나면 우화한다. 성충 앞날개는 회색이며 전연 날개 끝부분과 후연에 넓게 초콜릿색 부분이 있다. 후연의 초콜릿색 부분 때문에 '밑노랑'이란 이름이 붙은 것 같다. 날개 가운데에 초승달처럼 생긴 가늘고 검은 횡맥문이 있다.

종령 유충

종령 유충

중령 유충

성충

표본

U-3-2 **먹점재주나방** *Ellida branickii*

먹이식물: 졸참나무(*Quercus serrata*)

| 유충시기: 7월 **유충길이:** 50mm
| 우화시기: 7월 **날개길이:** 47mm **채집장소:** 완도수목원

유충 머리는 분홍색이고 테두리가 검은색으로 둘렸다. 1~6배마디에는 붉은색 세모 무늬가 연결되어 있고 8배마디에 뾰족한 돌기가 있다. 흙 속에 들어가 흙으로 고치를 틀고 번데기가 되어 18일 지나면 우화한다. 성충 앞날개는 녹색 빛이 도는 회색이며, 횡맥문 근처에 가로로 검은 줄무늬가 3개 있다. 느릅나무가 먹이식물로 나온 책이 있는데 의심이 간다. 졸참나무에서만 보았기 때문이다.

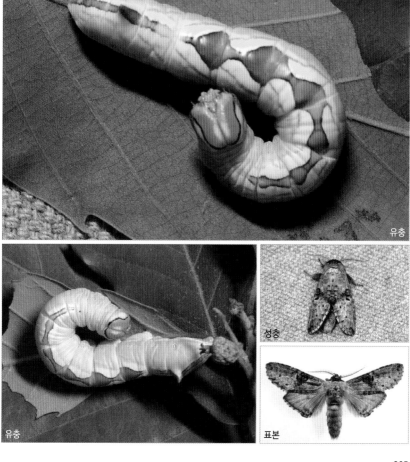

유충

유충

성충

표본

U-3-3 **고려재주나방** *Neodrymonia coreana*

먹이식물: 검노린재나무(*Symplocos paniculata*)

유충시기: 8월   유충길이: 25mm

우화시기: 이듬해 7월   날개길이: 36mm   채집장소: 순천 선암사

유충 머리는 작고 양쪽에 줄이 2개 있다. 몸은 통통하며 백록색이고, 배 윗면 양쪽으로 분홍색, 노란색, 흰색 줄무늬가 있다. 배마디마다 노란색 사선과 점이 있다. 흙 속에 들어가 번데기가 되었다가 11개월 뒤에 우화한다. 성충 날개 내횡선과 외횡선 사이는 넓은 회색이고 그 속 연갈색 부분에는 초승달처럼 생긴 검은 횡맥이 있다.

종령 유충

종령 유충

중령 유충

성충

표본

U-3-4 **점무늬재주나방** *Norracoides basinotata*

먹이식물: 팽나무(*Celtis sinensis*)

유충시기: 8월　유충길이: 48mm

우화시기: 9월　날개길이: 45mm　채집장소: 순천 왕의산

유충 머리는 녹색이고 가운데에 흰색 줄이 2개 있다. 몸은 녹색이고, 배 윗면은 흰색이며 쑥색 줄이 3개 있다. 기문선은 노란색과 붉은색으로 이루어지고 기문 주위는 흰색이다. 8배마디에 노란색과 붉은색으로 이루어진 돌기가 솟았다. 밤색띠재주나방 유충과 생김새가 아주 유사한데 이 돌기로 구별할 수 있다. 흙 속에 들어가 번데기가 되어 15일 지나면 우화한다. 성충 앞날개 무늬는 나뭇결 같고, 중횡선과 외횡선 사이에 검은 점이 있다.

유충

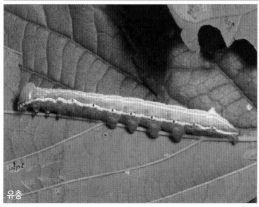

유충

성충

표본

U-4-1 **밤색띠재주나방** *Lophontosia sinensis pryeri*

먹이식물: 느티나무(*Zelkova serrata*)

유충시기: 8월　유충길이: 30mm
우화시기: 이듬해 5월　날개길이: 32mm　채집장소: 순천 송광사

유충 머리는 연두색, 몸은 녹색이며, 배 윗면은 백록색이다. 숲재주나방 유충과 생김새가 비슷하나, 노란색 기문 선 아래 배마디마다 크고 붉은 무늬가 있는 점이 다르다. 잎을 붙이고 번데기가 되어 월동한다. 성충 날개는 갈색이며, 내횡선과 외횡선은 동글동글한 물결 모양이고, 두 횡선 사이는 색이 더 짙다. 외횡선 후연 가까이에 흰색 부분이 있다.

유충

유충

성충

표본

U-4-2 **남방섬재주나방** *Hagapteryx mirabilior*

먹이식물: 가래나무(*Juglans mandshurica*)

| 유충시기: 7~8월 유충길이: 30mm
| 우화시기: 8월 날개길이: 38mm 채집장소: 구례 화개면, 광양 서울대학술림

어린 유충 머리는 몸에 비해 아주 크고 그물 같은 무늬가 있다. 몸은 흑갈색이며 배 윗면은 회색이고 갈색 줄이 있다. 가슴과 1, 2배마디에는 짙은 흑갈색 무늬가 있다. 8배마디는 삼각형으로, 배 끝 다리는 긴 자루 같은 돌기로 변형되었다. 종령 유충은 색이 조금 옅어질 뿐이다. 몸 앞뒤를 축 늘어뜨리고 잎 가장자리에 매달려 있으면, 마른 잎처럼 보인다. 얕은 흙 속에 들어가 엉성하게 고치를 틀고 번데기가 되어 20일 지나면 우화한다. 성충 앞날개는 적갈색이고 횡선은 굴곡이 심한 톱날 같고, 중횡선과 외횡선 사이에 커다란 초승달 무늬가 2개 있다.

종령 유충

중령 유충

중령 유충

성충

종령 유충

표본

U-4-3 **끝흰재주나방** *Allodonta leucodera*

먹이식물: 밤나무(*Castanea crenata*), 개서어나무(*Carpinus tachonoskii*)

> 유충시기: 7월, 9~10월 유충길이: 40mm
> 우화시기: 8월, 이듬해 5월 날개길이: 39mm 채집장소: 순천 재석산, 순천 왕의산

종령 유충 머리는 녹색이며, 흰색과 검은색 줄이 있다. 몸은 백록색이며, 가슴에는 분홍색과 검은색이 줄이 있고, 배 윗면 한가운데에 넓은 녹색 띠가 있다. 3, 8배마디에 검은색과 붉은색으로 된 돌기가 솟았다. 유충은 잎 끝에서부터 먹기 시작하며, 잎 가장자리에 직각으로 붙어서 먹으므로 눈에 잘 띄지 않으나 개체 수는 많은 편이다. 흙 속에 들어가 고치를 틀고 번데기가 되어 18일 지나면 우화한다. 성충 앞날개 끝부분에 연갈색 타원 무늬가 있다. 유충은 10월에도 보이므로 1년에 2회 이상 발생하는 듯하다.

탈피 준비하는 중령 유충

잎을 먹는 모습

성충

종령 유충

표본

U-5-1 **각시재주나방** *Rosama ornata*

먹이식물: 조록싸리(*Lespedeza maximowiczii*), 싸리(*Lespedeza bicolor*)

유충시기: 7월   유충길이: 28mm

우화시기: 7~8월   날개길이: 34mm   채집장소: 순천 선암사, 광양 백운산

유충 머리에 흰 줄무늬가 있다. 몸은 녹색이며, 배 윗면 가운데에 흰색 줄이 있고, 배마디마다 굵고 흰 사선이 있다. 기문 아래에는 흰색과 갈색으로 된 사선이 있다. 8배마디는 변형되어 삼각형으로 솟았다. 흙 속에 들어가 번데기가 되어 12일 지나면 우화한다. 성충은 암수 날개 색상이 다르다. 암컷 앞날개 기저는 주황색이고 나머지는 황갈색이며 횡선이 뚜렷하지 않다. 수컷은 기저가 적황색이고 나머지는 갈색이며 횡선이 뚜렷하다.

유충

유충

성충 암컷

표본 수컷

표본 암컷

U-5-2 **작은점재주나방** *Micromelalopha sieversi*

먹이식물: 은사시나무(*Populus tomentiglandulosa*)

유충시기: 8월　유충길이: 20mm

우화시기: 8월　날개길이: 24mm　채집장소: 장흥 천관산동백숲 임도

유충 머리는 회색이며 뒤쪽에 검은색 띠가 있고 작은 돌기가 1쌍 있다. 몸은 회황색이며 배 윗면 양쪽에 황갈색 줄무늬가 있고, 1배마디와 배 끝에 작고 검은 돌기가 있다. 잎을 붙이고 번데기가 되어 9일 지나면 우화한다. 성충 날개는 황갈색이며, 내횡선은 전연 2/3 지점에서 바깥쪽으로 크게 각이 지게 튀어나오고, 외횡선은 약간 물결 모양이다. 내횡선과 외횡선 사이에 작고 검은 점이 있다.

> * 1권에서 작은점재주나방으로 동정했던 것을 애기재주나방으로 수정하려 하는데, 애기재주나방, 작은점재주나방, 노랑점재주나방 생김새가 유충은 분명히 다르나, 성충이 아주 유사해 생식기 검경이 필요하므로 차후에 다시 수정될 여지가 있다.

유충

성충

표본

V-1-1 **톱니큰나방(톱니밤나방)** *Scoliopteryx libatrix*

먹이식물: 버드나무(*Salix koreensis*)

유충시기: 5월, 8월 유충길이: 47mm

우화시기: 6월, 8월 날개길이: 40mm 채집장소: 가평 명지산, 구례 성삼재

유충 머리, 가슴, 배는 연두색이며, 양쪽으로 가늘고 검은 줄이 있다. 중령과 종령 유충의 생김새는 다르지 않다. 잎을 붙이고 번데기가 되어 11일 지나면 우화한다. 성충 앞날개 외연은 굴곡이 심한 톱니 모양이다. 기부와 중실 안쪽에 흰 점이 하나씩 있고 중실 바깥쪽에 작고 검은 점이 2개 있다.

종령 유충

중령 유충

성충

표본

V-1-2 **넓은띠잎큰나방(넓은띠잎밤나방)** *Goniocraspidum pryeri*

먹이식물: 종가시나무(*Quercus glauca*), 붉가시나무(*Quercus acuta*)

> 유충시기: 5월   유충길이: 40mm
> 우화시기: 6월   날개길이: 40mm   채집장소: 완도식물원

유충 머리와 몸은 녹색이고 배 윗면 양쪽에 연두색 줄이 있다. 앞가슴에는 작고 검은 점이 있다. 개체에 따라 검은 선과 점이 흰색 옆에 나타나는 일이 많다. 거의 검은색에 가까운 개체도 있는 등 색깔 변이가 많다. 잎을 붙이고 번데기가 되어 보름 지나면 우화한다. 성충 날개 전체가 연갈색인 개체도 있고, 내횡선과 외횡선 사이가 짙은 갈색인 개체도 있다. 횡선은 뚜렷하며 외횡선 안쪽에 검은 점이 2개 있다. 앞날개 외연은 날개 끝에서 2/3까지 바깥쪽으로 휘었다가 다시 안쪽으로 2회 휘어 직각을 이룬다.

유충

유충

유충

성충

성충

표본

V-2-1 **먹구름수염나방** *Hypena melanica*

먹이식물: 좀깨잎나무(*Boehmeria spicata*)

유충시기: 8월 유충길이: 22mm

우화시기: 이듬해 4월 날개길이: 28mm 채집장소: 남원 뱀사골

유충 머리는 연두색이며 작고 검은 선점이 있고 크고 검은 무늬도 몇 개 있다. 몸은 녹색이며 배 윗면에 쑥색 줄이 있고, 작고 검은 점(털받침)이 있다. 3배마디 다리는 퇴화해 짧다. 흙 속에 들어가 고치를 틀고 번데기가 되어 이듬해에 우화한다. 성충 날개는 흑갈색이며 앞날개 외횡선과 아외연선은 흰색이고 외횡선은 바깥쪽으로 크게 휜다. 색상과 무늬에 변이가 있다.

종령 유충

무늬가 뚜렷한 성충

성충

표본

V-2-2 **뿔수염나방** *Latirostrum bisacutum*

먹이식물: 나도밤나무(*Meliosma myriantha*)

유충시기: 5월 유충길이: 40mm

우화시기: 6월 날개길이: 48~49mm 채집장소: 구례 화엄사

유충 머리와 몸은 백록색이다. 배 윗면 중간에 흰색 점줄이 있으며, 양쪽에는 굵고 흰 줄이 있고 그 사이에 흰색 점이 많다. 지표면과 낙엽층 사이에 흙으로 고치를 틀고 24일 지나면 우화한다. 성충 날개는 갈색이고, 아랫입술수염이 머리 앞으로 길게 뻗어 잎자루 같아서 앉아 있으면 낙엽처럼 보인다. 나도밤나무 단식성이다.

유충

성충

표본

V-2-3 **검은줄얼룩수염나방(검은줄짤름나방)** *Lophomilia kogii*

먹이식물: 신갈나무(*Quercus mongolica*)

유충시기: 8월 유충길이: 27mm

우화시기: 이듬해 5월 날개길이: 23mm 채집장소: 광양 백운산휴양림

유충 머리와 몸은 백록색이며, 배 윗면 양쪽에 미백색 줄이 있다. 배마디 사이는 노란색이며, 4, 5배마디
에는 주황색 점이 있다. 3, 4배마디 다리는 없다. 흙 속에 들어가 고치를 틀고 번데기가 된다. 성충 앞날
개는 회백색이고 내횡선과 외횡선은 검은색이며 아외연선은 흰색이다. 내횡선과 외횡선 사이는 흑갈색
이고, 중간에 둥글고 흰 무늬가 있다.

유충

성충

표본

V-2-4 **흰점노랑잎수염나방(앞점노랑짤름나방)** *Stenbergmania albomaculalis*

먹이식물: 졸참나무(*Quercus serrata*)

유충시기: 6월 유충길이: 18mm

우화시기: 7월 날개길이: 18mm 채집장소: 담양 금성산성

중령 유충 머리 양쪽에 크고 둥글며 검은 무늬가 있고 그 가운데에 사각 무늬가 있다. 몸은 투명한 녹색이고 흰색 작은 돌기(털받침)가 솟았다. 3, 4배마디 다리는 퇴화했다. 종령 유충이 되면 배 윗면은 검은색, 양옆은 황갈색으로 변한다. 나뭇잎을 작은 조각으로 잘라 붙여 고치를 틀고 번데기가 되며 11일 지나면 우화한다. 성충 앞날개 외횡선 안쪽은 황갈색이며 중간에 작은 둥근 미색 무늬가 있다.

중령 유충

고치

성충

표본

종령 유충

V-3-1 **점흰독나방** *Arctornis kumatai*

먹이식물: 졸참나무(*Quercus serrata*), 밤나무(*Castanea crenata*)

유충시기: 7~8월 유충길이: 28mm

우화시기: 8월 날개길이: 27mm 채집장소: 보성 제석산

중령 유충은 연두색이고 배 윗면에 굵은 노란 줄이 있으며 흰 털은 길다. 잎 한쪽 면만 먹는다. 종령 유충이 되어도 형태에는 큰 변화가 없으나, 중령 때와 달리 잎은 양쪽 면을 다 먹는다. 잎을 붙이고 녹색 번데기가 되어 5일 뒤 우화한다. 성충 날개는 흰색이고 횡맥점은 검은색으로 뚜렷하다.

종령 유충

중령 유충

번데기

성충

표본

V-3-2 **삼나무독나방** *Calliteara argentata*

먹이식물: 소나무(*Pinus densiflora*)

유충시기: 4월, 9~10월　유충길이: 35mm

우화시기: 5월, 11월　날개길이: 47~48mm　채집장소: 광양 서울대학술림, 광주 용추계곡

12mm 정도 어린 유충은 붉은색이고 배 윗면 양쪽에 흰색과 검은색 줄이 있다. 1, 8배마디에 붉은 털 다발이 솟았다. 앞가슴 양쪽에 길고 검은 털 다발이 있다. 탈피하고 나면 가슴 부분, 흰 줄과 검은 줄 아래쪽이 연두색으로 변하고 1~4배마디에 털 다발이 생기기 시작한다. 종령 유충이 되면 1~4배마디에 있던 갈색 털 다발 형태가 완전해진다. 위협을 느끼면 1~4배마디를 구부려 마디 사이에 있는 검은 무늬를 드러낸다. 사육통 벽에 실을 치고 자기 털을 섞은 고치를 튼 뒤에 번데기가 되어 약 20일 지나 우화했다. 성충 앞날개는 흑갈색이고, 아외연선은 희미한 흰색이며 흑갈색 점무늬가 퍼져 있다. 기부에서 2/3 지점(중실 끝부분)에 검은 초승달 무늬가 있다.

종령 유충

중령 유충

종령 전 유충

종령 전 유충

성충

표본

V-3-3 **붉은수염독나방** *Calliteara lunulata*

먹이식물: 졸참나무(*Quercus serrata*)

유충시기: 7월, 8~10월 유충길이: 55mm
우화시기: 8월, 이듬해 4월 날개길이: 50~61mm 채집장소: 순천 제석산, 장흥 천관산동백숲

10mm쯤 되는 어린 유충을 집으로 데려오자마자 탈피했다. 몸은 검은색에 흰색과 살구색이 조금씩 섞여 있고 털받침 돌기는 살구색이다. 4~5령은 1~4배마디가 황토색이며 위험을 느끼면 1~3배마디 사이에 있는 검은 털을 드러내고, 흰색 털이 더 많아진다. 6령 이후에는 배의 갈색이 흰색으로 변하고 몸에 붉은색이 더 많아지며 흰색 털이 더 빽빽해진다. 2회 더 탈피하고 종령 유충이 되나 생김새에 별 변화가 없다. 잎을 살짝 두르고 털을 섞어 적갈색 고치를 틀며, 여름형은 20일 지나면 우화한다. 전체 유충 기간은 2달이 넘었다(몸길이 10mm인 것을 2령일 것으로 보고 계산했다). 성충 날개는 회갈색이며 횡선은 굴곡이 심한 톱니 모양이고, 중실 끝에 흰 초승달 무늬가 있다.

종령 유충

3령 유충

5령 유충

6령 유충

고치

성충

성충

V-3-4 **꼬마독나방** *Euproctis pulverea*

먹이식물: 배롱나무(*Lagerstroemia indica*), 모시풀(*Boehmeria nivea*)

유충시기: 9월 유충길이: 18~20mm

우화시기: 이듬해 4월 날개길이: 24~29mm 채집장소: 나주 산림자원연구소

무늬독나방 유충과 생김새가 아주 비슷한데, 무늬독나방은 1, 2배마디 윗면 전체가 검은색이나 꼬마독나방은 노란색 바탕에 검은색 털 다발이 있고, 크기가 더 작다. 자기 털을 섞어 고치를 틀고 번데기가 된다. 성충 날개는 노란색이며 갈색 무늬가 있다. 암수 날개 무늬가 다르며, 무늬 변이도 많다. 성충도 무늬독나방과 생김새가 비슷하나, 무늬독나방 수컷은 날개에 있는 갈색 가로 띠무늬가 더 좁다. 광식성이다.

유충

성충 수컷

성충 암컷

표본 수컷

표본 암컷

V-3-5 **노랑독나방** *Euproctis taiwana*

먹이식물: 느티나무(*Zelkova serrata*)

> 유충시기: 5월　유충길이: 18~20mm
> 우화시기: 6월　날개길이: 22~32mm　채집장소: 순천 해룡면, 광주 교동마을

유충은 작고 앞가슴에는 붉은색 띠가 있다. 몸은 검은색이며 배마디마다 윗면 가운데에 흰색 띠가 있고, 5, 6배마디에 붉은색 점무늬가 있다. 기문선에는 붉은색과 흰색이 번갈아 있다. 털을 섞어 고치를 틀고 16~18일 지나면 우화한다. 성충 날개는 노란색이고, 수컷 앞날개에는 가로로 짙은 노란색 띠무늬가 있으나 암컷은 없다. 광식성으로 알려졌다.

유충

유충

고치

성충 암컷

표본 수컷

표본 암컷

V-3-6 **큰흰띠독나방** *Numenes albofascia*

먹이식물: 서어나무(*Carpinus laxiflora*)

유충시기: 7월 유충길이: 30mm
우화시기: 8월 날개길이: 45mm 채집장소: 순천 선암사

유충은 검은색이고 1, 2배마디와 8배마디는 옅은 황토색이나 검은색 털로 덮여서 잘 드러나지 않는다. 잎을 붙이고 자기 털을 섞어 큰 고치를 틀어 번데기가 되며, 13일 지나면 우화한다. 성충 수컷 날개는 검은색이고 앞날개에 흰색 사선이 있다. 암컷 앞날개는 검은색이고 나뭇가지 모양 노란색 줄무늬가 있으며, 뒷날개는 노란색이며 날개 뒷부분에 검은 무늬가 있다.

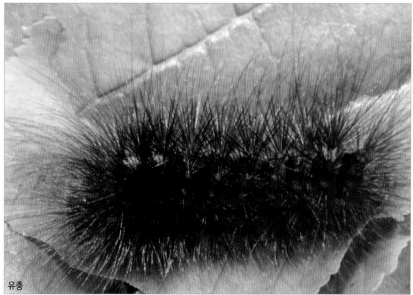

유충

성충 수컷

표본 수컷

V-4-1 **날개물결짤름나방**(날개물결무늬밤나방) *Hyposemansis albipuncta*

먹이식물: 합다리나무(*Meliosma oldhamii*)

유충시기: 6~7월, 9월 유충길이: 33~35mm

우화시기: 7월 날개길이: 33mm 채집장소: 광주 용추계곡, 광양 서울대학술림, 해남 두륜산

유충 머리는 연두색이고 적자색 줄무늬가 양쪽에 있다. 몸은 녹색이며 중간에 적자색 줄이 있고, 배마디마다 기문 아래에 적자색 줄무늬가 있다. 흙 속에 들어가 흙으로 고치를 틀고 번데기가 되어 보름 지나면 우화한다. 성충 날개는 갈색이며, 외연은 물결 모양이고, 횡선은 톱날 모양이며 흑갈색이거나 미색으로 뚜렷하다. 전연에 흑갈색 역삼각 무늬가 있고 그 아래에 작고 흰 무늬가 있으며, 역삼각 무늬 끝에 작고 검은 초승달 무늬가 붙어 있다.

유충

유충 노숙 유충 성충 표본

V-4-2 **흰줄짤름나방** *Pangrapta flavomacula*

먹이식물: 물푸레나무(*Fraxinus rhynchophylla*)

유충시기: 8월   유충길이: 27mm

우화시기: 이듬해 3~4월   날개길이: 27~30mm   채집장소: 남양주 천마산

유충 머리는 살구색이고 양쪽에 붉은 줄무늬가 있다. 몸은 백록색이며 3, 4배마디 다리는 짧다. 낙엽과 흙 사이에 고치를 튼다. 성충 앞날개 외횡선은 바깥쪽으로 튀어나왔고 중횡선 바로 안쪽에 흰 갈매기 무늬가 2개 있다. 내횡선이 안으로 꺾인 곳 바깥쪽에 가락지 무늬가 있다. 뒷날개 외횡선은 흰색 톱날 무늬다.

* 2권 Y-4-7 흰줄짤름나방을 북방끝짤름나방(Pangrapta textilis)으로 수정한다.

유충

성충

표본

V-4-3 **세줄끝무늬짤름나방** *Pangrapta trilineata*

먹이식물: 덜꿩나무(*Viburnum erosum*), 산가막살나무(*Viburnum wrightii*)

유충시기: 7월, 8월 유충길이: 20~25mm

우화시기: 7월, 이듬해 5월 날개길이: 25~30mm 채집장소: 순천 왕의산

중령 유충 머리는 미색이며 양쪽에 희미한 검은 줄무늬가 있고, 몸은 녹색이다. 종령 유충은 머리 양쪽에 흑갈색 줄무늬가 있다. 가슴 가운데에는 적자색 줄무늬, 배마디마다 윗면에는 적자색 꺾쇠 무늬가 있다. 흙 속에 들어가 흙으로 엉성하게 고치를 틀고, 여름에는 12일 지나면 우화한다. 성충은 흰줄짤름나방과 생김새가 비슷하나 중횡선의 꺾쇠 무늬 주위가 갈색이고 뒷날개에는 흰 꺾쇠 무늬가 없으며, 외횡선은 희미하다.

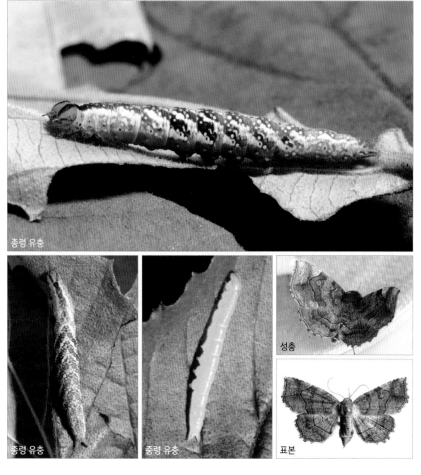

종령 유충

종령 유충

중령 유충

성충

표본

V-5-1 **쌍복판눈수염나방** *Edessena hamada*

먹이식물: 활엽수의 시든 잎(*Withered leaves*)

유충시기: 7~8월 유충길이: 35mm
우화시기: 이듬해 5월 날개길이: 33~49mm 채집장소: 보성 제석산

유충 머리는 적갈색이고, 몸은 통통하며 황갈색과 적색이 뒤섞여 있고 검은 점이 있다. 시든 잎을 먹고, 흙 속에 들어가 번데기가 된다. 성충 날개는 검은색이며, 앞날개에 흰색 하트 무늬가 있다.

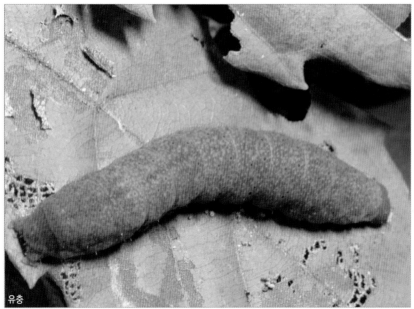
유충

성충

표본

V-5-2 **검은띠수염나방** *Hadennia incongruens*

먹이식물: 활엽수의 시든 잎(*Withered leaves*)

유충시기: 7월 유충길이: 20mm
우화시기: 8월 날개길이: 32mm 채집장소: 순천 선암사

유충 머리는 몸에 비해 작으며, 연한 자갈색이고 작은 벌집무늬가 있다. 몸은 밋밋하고 통통하다. 털받침은 검은색이고 둘레는 노란색이다. 굴피나무 잎 위에서 발견했으나 시든 잎을 먹는 것으로 알려졌다. 번데기가 되려고 내려오던 것으로 보인다. 지표면에 흙을 붙이고 번데기가 되어 보름 지나면 우화한다. 성충 아랫입술수염은 노란 털 다발이며 위로 솟았고, 더듬이 중간에 갈색 털 다발이 있다. 앞날개는 검은색이고 날개 끝에서 후연 중간까지 굵고 짙은 띠무늬가 있으며, 날개 중간에도 검은 띠무늬가 있고, 그 옆에 노란 눈알 무늬가 있다.

유충

성충

표본

V-5-3 **쌍검은수염나방** *Bertula bistrigata*

먹이식물: 양치류(*Pteropsida*)

유충시기: 7월 유충길이: 20mm

우화시기: 8월 날개길이: 26mm 채집장소: 담양 금성산성

초령 유충 머리는 살구색이며 몸은 녹색이다. 어린잎 끝에서 주맥을 남기고 먹는다. 4령 유충이 되면 머리 양쪽에 검은 줄무늬가 생기며, 잎 전체를 먹는다. 종령 유충이 되면 머리 안쪽에 八자 무늬가 생기고 앞가슴과 배마디 양쪽에 붉은 줄무늬가 생긴다. 잎을 붙이고 번데기가 되어 15일 지나면 우화한다. 성충 날개는 흑갈색이며 내횡선과 외횡선은 노란색이고, 외횡선 안쪽에 작고 노란 점무늬가 있다.

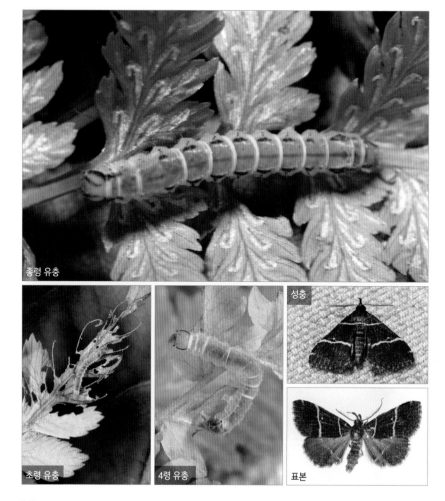

종령 유충

초령 유충

4령 유충

성충

표본

V-5-4 **꼬마혹수염나방** *Zanclognatha tarsipennalis*

먹이식물: 시든 잎(Withered leaves)

유충시기: 8~9월 유충길이: 18mm
우화시기: 10월 날개길이: 26mm 채집장소: 담양 금성산성

중령 유충 머리는 자갈색이며 흰 점무늬가 벌집처럼 있다. 몸도 자갈색이며 털받침은 검은색이고 그 둘레는 옅은 회색이다. 종령이 되면 몸 색깔이 조금 옅어져 황갈색이 된다. 잎을 붙이고 번데기가 되어 10일 지나면 우화한다. 성충 날개는 흑갈색이며, 꼬마수염나방과 생김새가 아주 유사한데, 앞날개 내횡선이 전연 가까이에서 기부 쪽으로 조금 꺾인 점, 아외연선이 거의 직선이며 날개 앞 끝과 날개 뒤 끝에서 조금 떨어진 점이 다르다. 암컷 아랫입술수염은 길고 뒤로 휜다.

종령 유충

중령 유충

성충

표본

V-5-5 **꼬마수염나방** *Herminia grisealis*

먹이식물: 활엽수의 시든 잎(Withered leaves)

유충시기: 7~9월   유충길이: 15~17mm
우화시기: 8~10월   날개길이: 19~20mm   채집장소: 광주 무등산 용추계곡, 남원 뱀사골

유충 몸은 밋밋하고 갈색이며, 털받침은 검은색이고 둘레는 연한 회색이다. 고광나무나 서어나무 등 활엽수의 시든 잎 속에서 그 잎을 먹다가 번데기가 되어 10일 지나면 우화한다. 성충 앞날개는 회갈색이며 횡선은 검은색으로 뚜렷하다. 내횡선은 굵고 거의 직선이며, 외횡선은 가늘고 파도 모양으로 휘었다. 내횡선과 외횡선 사이에 눈썹 무늬가 있다. 아외연선은 날개 앞 끝에서 날개 뒤 끝까지 완만하게 휘었다. 1년에 2회 이상 발생하는 것으로 보인다.

유충

잎을 먹은 흔적

성충

표본

V-5-6 **꼬마세줄수염나방** *Sinarella aegrota*

먹이식물: 이끼(Bryophytes)

유충시기: 4~5월 유충길이: 15mm
우화시기: 5월 날개길이: 20mm 채집장소: 순천 왕의산

유충 머리는 녹색이고, 몸에 녹색 돌기가 솟았으며 돌기 사이에 작은 자갈색 무늬가 있어 이끼 속에 파묻혀 있으면 잘 보이지 않는다. 중령 유충과 종령 유충은 생김새가 별로 다르지 않다. 이끼 속에 실을 치고 번데기가 되어 20일 지나면 우화한다. 성충 날개는 갈색이고 횡선은 검은색 물결 모양이며, 외횡선은 바깥쪽으로 크게 튀어나왔다. 아외연선 바깥쪽은 흰색으로 둘렸다.

중령 유충

번데기가 되려고 실을 친 모양

성충

종령 유충

표본

V-6-1 **붉은줄불나방** *Cyana hamata*

먹이식물: 이끼(Bryophytes)

유충시기: 5월, 7월　유충길이: 20mm
우화시기: 5~6월, 8월　날개길이: 28~35mm　채집장소: 곡성 태안사, 광양 한재

유충 머리는 황갈색이다. 몸은 검은색이고 작은 노란색 점이 있으며, 배 윗면 한가운데에 노란색 줄이 2개 있고, 각 마디 양쪽에 주황색 둥근 돌기가 있다. 이끼 속에 검은색 털을 섞어 고치를 틀어 번데기가 되어 12~13일 지나면 우화한다. 성충 앞날개는 흰색이고 횡선은 붉다. 둘째, 셋째 횡선 사이에 검은 점이 암컷은 1개, 수컷은 2개 있다.

고치

성충 암컷

표본 수컷

표본 암컷

유충

V-6-2 **금빛노랑불나방** *Wittia sororcula*

먹이식물: 이끼(Bryophytes)

유충시기: 7월   유충길이: 20mm

우화시기: 이듬해 5월   날개길이: 25~26mm   채집장소: 광양 백운산자연휴양림

유충 뒷가슴과 4, 8배마디는 검은색, 뒷가슴 앞쪽과 5, 9배마디는 흰색이다. 나머지 마디에는 양쪽에 주황색 무늬가 있다. 이끼 속에서 털을 섞은 고치를 틀고 번데기가 된다. 성충 앞날개는 짙은 노란색이며, 뒷날개는 연한 노란색이고, 무늬는 없다.

유충

고치

성충

표본

V-6-3 **넉점박이불나방** *Lithosia quadra*

먹이식물: 지의류(Lichens)

유충시기: 7월   유충길이: 25mm
우화시기: 7월   날개길이: 36mm   채집장소: 순천 왕의산

가슴 양쪽 털받침 돌기는 회색이다. 몸은 검은색과 노란색 줄무늬로 되어 있고, 배마디마다 양쪽에 붉은 털받침 돌기가 있으며 길고 흰 털과 검은 털이 많다. 털을 섞은 흰 고치를 엉성하게 틀고 번데기가 되어 9일 지나면 우화한다. 성충 앞날개는 짙은 노란색이고 양쪽에 검은 점이 2개씩 있다.

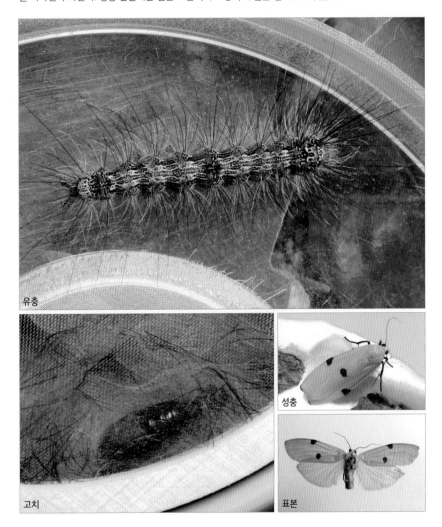

유충

고치

성충

표본

V-6-4 **목도리불나방** *Macrobrochis staudingeri*

먹이식물: 지의류(Lichens)

유충시기: 7~8월 유충길이: 25mm

우화시기: 이듬해 5월 날개길이: 45mm 채집장소: 양구 대암산, 순천 봉화산, 순천 왕의산

머리는 갈색, 몸은 회청색이다. 털받침 돌기는 코발트색이며 길고 검은 털과 흰색 털이 섞여 있다. 앞가슴 뒤쪽에 노란색 띠가 있고 몸 양쪽에 노란색 줄이 있다. 나무줄기에 있는 지의류를 먹으며, 때로는 대발생하기도 한다. 조금만 방해를 받아도 툭 떨어져 버린다. 잎을 붙이고 털을 섞어 고치를 튼다. 성충 앞날개는 회갈색으로 광택이 있고, 가슴판은 회청색이며 광택이 있다. 경판(목)은 붉은색이다.

지의류를 먹는 유충

성충

유충

표본

V-6-5 **민무늬알락노랑불나방** *Stigmatophora leacrita*

먹이식물: 지의류(Lichens)

유충시기: 5월 유충길이: 20mm

우화시기: 6월 날개길이: 31mm 채집장소: 구례 화엄사

중령 유충 몸 중간은 회색이나 전체적으로 검게 보인다. 종령 유충 몸은 회색이며 검은 점이 있고, 양쪽에 푸른색 털받침이 혹처럼 약간 솟았으며 털받침에 노란색과 검은색 줄무늬가 있다. 털을 섞은 고치를 틀고 번데기가 되어 10일 지나면 우화한다. 성충 날개는 노란색이고 검은 점으로 된 줄이 2개 있으며, 외연 가까이에 작고 검은 점이 2개 있다.

중령 유충

고치

성충

종령 유충

표본

V-6-6 **알락노랑불나방** *Stigmatophora flava*

먹이식물: 지의류(Lichens)

유충시기: 4월 유충길이: 27mm

우화시기: 5월 날개길이: 32mm 채집장소: 구례 오산

유충 몸은 회청색이고 중간에 노란색과 주황색으로 된 줄무늬가 있다. 지의류 속에서 번데기가 되었다가 18일 지나면 우화한다. 성충 날개는 노란색이고 점으로 된 줄무늬가 2개 있다. 민무늬알락노랑불나방과 생김새가 비슷하나 알락노랑불나방은 외연 가까이에 검은 점이 없어 구별된다.

유충

유충

성충

표본

V-6-7 **꼬마줄점불나방** *Lemyra inaequalis*

먹이식물: 벚나무(*Prunus serrulata* var. *spontanea*) 등 여러 나무

유충시기: 7~8월 유충길이: 23mm
우화시기: 9월 날개길이: 30mm 채집장소: 구례 화엄사, 광주 무등산 원효사지

어린 유충 배 윗면은 회색이고 광택이 나는 청색 털받침이 솟았으며, 수검은줄점불나방 초령 유충과 생김새가 아주 비슷하다. 종령 유충 머리는 다홍색이고, 배 윗면은 검은색이며 옆면과 배 밑은 황갈색이다. 털은 검은색이나 2~6배마디에는 노란색 털이 많이 섞여 있어 생김새가 비슷한 수검은줄점불나방 유충과 구별된다. 잎을 붙이고 번데기가 되어 50일 지나면 우화한다. 성충은 암수 날개 색이 다르고 무늬 변이도 많다. 암컷 날개는 흰색이고 앞날개에 검은 점이 1개 있으나 줄무늬가 있는 개체도 있고 없는 개체도 있다. 뒷날개에는 검은 점이 1개 또는 여러 개 있기도 하다. 수컷 날개는 연한 노란색이고 점무늬가 많으며 앞날개에 줄무늬가 있는 개체도 있다.

종령 유충

종령 유충

중령 유충

성충 수컷

성충 암컷

표본 수컷

표본 암컷

V-6-8 **외줄점불나방** *Spilarctia lutea*

먹이식물: 치자나무(*Gardenia jasminoides*)

유충시기: 6~7월   유충길이: 30mm
우화시기: 9월   날개길이: 40mm   채집장소: 완도수목원

유충 머리는 검은색이다. 배 윗면은 회색이고 가운데에 황토색 줄이 있으며, 양쪽으로 검은 줄이 있다. 배 마디마다 검은 돌기가 있으며, 배 옆면은 황토색이다. 흰색 털이 많고 검은색 털이 섞여 있다. 여러 차례 탈피해도 생김새 변화가 별로 없으나 흰색 털이 더욱 빽빽해진다. 잎을 붙이고 털을 섞어 고치를 튼 뒤에 번데기가 되어 약 40일 만에 우화한다. 성충은 줄점불나방과 생김새가 비슷하나 수컷 앞날개 전연에 기부에서 나온 검은 줄이 없는 것으로 구별한다(줄점불나방 수컷은 전연에 기부에서 나온 검은 줄이 있다. 어린 유충도 서로 비슷하나 종령 유충은 털이 황갈색이다).

종령 유충

종령 유충

종령 유충

성충

표본

V-7-1 붉은갈고리큰나방(붉은갈고리밤나방) *Oraesia excavata*

먹이식물: 댕댕이덩굴(*Cocculus trilobus*)

유충시기: 8월 유충길이: 58~60mm

우화시기: 9월 날개길이: 48~49mm 채집장소: 장흥 천관산동백숲 임도

중령 유충은 머리와 몸이 모두 회색이다. 1~4배마디 윗면에 둥글고 검은 무늬가 있으며, 3배마디에만 주황색 무늬가 있는 개체도 있고, 1~4배마디에 모두 주황색 부분이 있는 개체도 있다. 3배마디 다리는 없고 4배마디 다리는 짧다. 종령 유충에는 몸이 검은색으로 변하는 흑색형과 회갈색으로 변하는 갈색형이 있다. 흑색형은 검은 점무늬와 주황색 무늬가 있고, 노숙 유충이 되면 이 무늬가 희미해진다. 사육 시에는 오아시스를 뜯어 붙이고 번데기가 되어 15일 지나면 우화한다. 성충 날개는 적갈색이며 전연부에 짧은 사선 줄무늬가 있다. 기부에서 2/3 지점까지 굵은 흑갈색 세로줄이 있고, 여기에서 날개 끝까지 굵은 사선 무늬가 있다.

종령 유충 갈색형

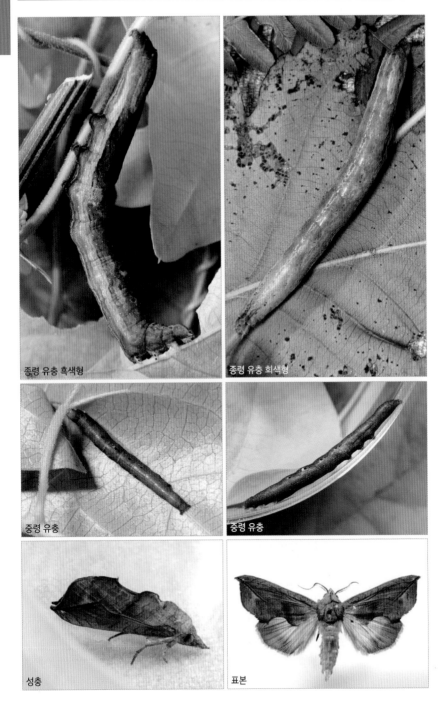

종령 유충 흑색형

종령 유충 회색형

중령 유충

중령 유충

성충

표본

V-7-2 **은무늬갈고리큰나방(은무늬갈고리밤나방)** *Plusiodonta casta*

먹이식물: 댕댕이덩굴(*Cocculus trilobus*)

유충시기: 8월 유충길이: 25mm

우화시기: 8월 날개길이: 24mm 채집장소: 순천 왕의산

유충 머리는 노란색이며 흑갈색 무늬가 있고, 몸은 진한 회색이며 흰 무늬가 있다. 3, 4배마디 다리는 없다. 유충이 몸을 접고 있으면 새똥처럼 보인다. 주위에 있는 조각(감고 있는 식물 껍질)을 뜯어 고치를 틀고 번데기가 되어 10일 지나면 우화한다. 성충 앞날개 기부 무늬와 후연 가까이에 있는 무늬는 황갈색이고, 콩팥 무늬가 뚜렷하다. 10월까지 유충이 보이므로 1년에 여러 차례 발생하는 것으로 보인다.

유충

식물 껍질로 만든 고치

성충

표본

V-8-1 **가을뒷노랑큰나방(가을뒷노랑밤나방)** *Hypocala deflorata*

먹이식물: 고욤나무(*Diospyros lotus*)

유충시기: 7~8월　유충길이: 40mm

우화시기: 8월　날개길이: 40~43mm　채집장소: 하동 화계면, 순천 조계산

어린 유충은 어린잎을 둥글게 묶고 그 속에서 지내며 붙인 잎을 먹는다. 3령 유충 머리는 다갈색이고 몸은 흑갈색이다. 4령 유충 머리는 미황색이고 양쪽에 갈색 줄이 있으며 연두색 몸 양쪽에 흰색 줄이 있다. 종령 유충이 되면 붙인 잎 속에서 나와 자유로이 먹으며, 몸 색깔이 녹색으로 선명해지고, 기문 주위에 분홍색과 검은색 무늬가 있는 개체도 있고 없는 개체도 있다. 성충 앞날개 전연 쪽 반이 적갈색인 개체도 있고 전체가 회색인 개체도 있는 등 날개 색에 변이가 있다.

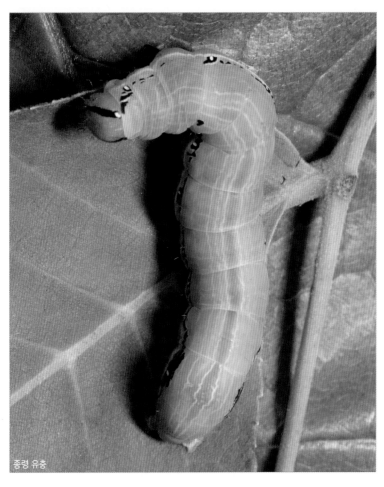

종령 유충

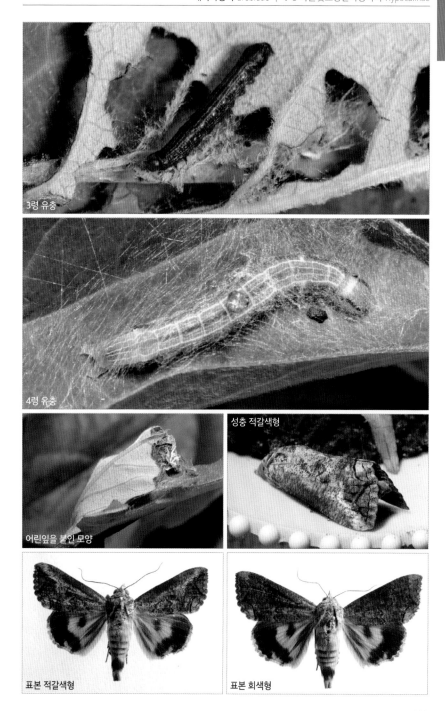

3령 유충

4령 유충

어린잎을 붙인 모양

성충 적갈색형

표본 적갈색형

표본 회색형

V-9-1 **이끼꼬마짤름나방(이끼꼬마밤나방)** *Enispa lutefascialis*

먹이식물: 지의류(Lichens)

유충시기: 8월　유충길이: 15mm
우화시기: 9월　날개길이: 16mm　채집장소: 순천 송광사, 곡성 태안사

유충 머리와 몸은 우윳빛이며 3, 4배마디 다리는 퇴화한 것으로 보인다. 항상 지의류로 지은 백록색 집을 몸에 덮어쓰고 지내며, 집은 뿔 모양으로 2~3군데 솟은 곳이 있다. 집을 벗긴 유충은 죽었다. 다 자라면 지의류를 덮어쓴 채 자루를 만들어 지지대에 붙이고 번데기가 되며, 그 형태는 일정하지 않다. 번데기가 된 지 12일 지나면 우화한다. 성충 앞날개는 녹두색이고, 붉은색 선점이 있으며, 중간에 각이 진 붉은색 횡선이 있다. 뒷날개는 적갈색이고 노란색 무늬가 있다.

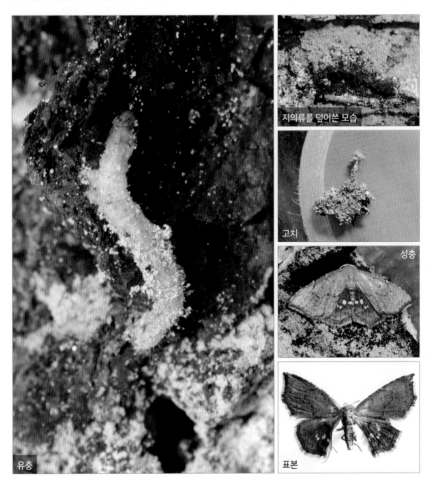

지의류를 덮어쓴 모습

고치

성충

유충

표본

V-9-2 **검은줄애기짤름나방(검은줄꼬마밤나방)** *Corgatha pygmaea*

먹이식물: 지의류(Lichens)

유충시기: 5~6월　유충길이: 8mm
우화시기: 6~7월　날개길이: 12mm　채집장소: 곡성 태안사, 순천 선암사

유충은 지의류를 뒤집어쓰고 있으나 배마디마다 검은 부분이 보인다. 다리는 다 갖추어지지 않은 듯하다. 지의류로 덮인 장타원형 고치를 틀고 번데기가 되며 20일 지나 우화한다. 성충 날개는 분홍색이며 자갈색 비늘이 흩어져 있다. 앞날개는 약간 짧으며, 외횡선은 짙고 뚜렷하나 내횡선은 조금 희미하고 횡맥점은 짙다.

지의류 속 유충

고치

성충

유충

표본

V-9-3 **앞점무늬짤름나방** *Rhesala moestalis*

먹이식물: 자귀나무(*Albizzia julibrissin*)

| 유충시기: 8월 유충길이: 15mm
| 우화시기: 8월 날개길이: 17mm 채집장소: 광양 동곡계곡

유충 머리는 살구색, 가슴과 배는 녹색이며 배 윗면에 희미한 흰 줄이 2개 있고 기문선도 흰색이다. 작은 잎을 여러 장 붙이고 지낸다. 잎을 붙이고 번데기가 되어 1주일 지나면 우화한다. 성충 앞날개는 갈색이며 내횡선과 외횡선 사이에 가늘고 흰 꺾쇠 무늬와 짧은 줄무늬가 있다.

유충

노숙 유충

성충

표본

V-9-4 **남방쌍줄짤름나방**(신칭) *Leiostola tortricodia*

먹이식물: 푸조나무(*Aphananthe aspera*)

유충시기: 8월   유충길이: 20mm

우화시기: 8월, 이듬해 4~5월   날개길이: 20mm   채집장소: 순천 왕의산, 구례 화엄사

유충 머리는 미색이며, 몸은 녹색이고 배 윗면에 미색 줄이 3개 있다. 가슴마다 작고 검은 점이 2개씩 있는데, 앞가슴에는 아주 작고 희미한 점이 2개 더 있다. 3, 4배마디 다리는 없다. 쌍줄짤름나방 유충과 생김새가 아주 유사한데 배 윗면 줄이 쌍줄짤름나방은 2개이다. 흙 속에 들어가 고치를 틀고 번데기가 되며, 14일 만에 우화하는 것도 있었고, 이듬해에 우화하는 것도 있었다. 성충도 쌍줄짤름나방과 생김새가 아주 비슷하나 외횡선이 바깥쪽으로 크게 튀어나오지 않은 점, 아외연선이 큰 톱니 모양으로 크게 꺾인 점이 다르다. 푸조나무에서만 여러 차례 보았다.

* 최세웅 교수 논문이 나올 예정이고 그에 따른 이름이다.

유충

성충

표본

V-9-5 **연푸른이끼꼬마짤름나방**(신칭) *Enispa masuii*

먹이식물: 지의류(Lichens)

유충시기: 5~6월 유충길이: 12mm

우화시기: 6월 날개길이: 17mm 채집장소: 순천 선암사

유충은 뿔이 몇 개 솟은 것과 같은 형태로, 지의류를 덮어쓰고 지내 나무껍질에 있는 지의류와 거의 구별되지 않는다. 자루가 달렸고 지의류를 붙인, 방추형 고치를 틀어 번데기가 되며 18일 지나 우화한다. 성충 날개는 녹두색이며 내횡선과 외횡선은 연한 녹두색이다. 앞날개 끝은 뾰족하다.

* 최세웅 교수 논문에 따른 이름이고, 「국가생물종목록」에는 아직 없다.

나무껍질 지의류 속 유충

고치

성충

지의류를 덮어쓴 유충

표본

V-10-1 **남방점밤나방** *Avitta puncta*

먹이식물: 후박나무(*Machilus thunbergi*)

유충시기: 5월 유충길이: 40mm
우화시기: 6월 날개길이: 40mm 채집장소: 완도수목원

중령 유충 머리는 연두색이고 몸은 녹색이다. 종령 유충이 되면 머리 둘레에 검은 줄무늬가 생긴다. 유충은 3배마디 다리가 없고 4배마디 다리는 짧다. 지표면에서 흙과 낙엽을 붙이고 번데기가 되어 25~28일 지나면 우화한다. 성충 앞날개는 짙은 갈색이고 흑갈색 횡선이 5개 있으며 작은 물결 모양을 이룬다. 기부에서부터 첫 번째 횡선에 작고 검은 점이 있다. 뒷날개는 검은색이다.

종령 유충

중령 유충

성충

표본

V-10-2 **왕흰줄태극나방** *Erebus ephesperis*

먹이식물: 청미래덩굴(*Smilax china*)

유충시기: 8월 유충길이: 85mm
우화시기: 9월 날개길이: 82~95mm 채집장소: 광양 백운산

유충은 갈색형과 회색형이 있다. 1배마디에는 갈색과 검은색 눈알 무늬가 있고 5, 6배마디에는 삼각 무늬가 있다. 3배마디 다리는 퇴화했고 4배마디 다리는 덜 발달했다. 가슴 부분을 들고 걷는다. 방해를 받으면 머리를 아래쪽으로 감거나, 배를 부풀려 눈알 무늬를 드러낸다. 삼각 무늬는 청미래덩굴 줄기 마디와 생김새가 유사해 위장 효과가 있다. 어린 유충과 종령 유충은 령이 지날수록 색깔이 화려해질 뿐 무늬와 형태에는 변화가 없다. 잎을 붙이고 번데기가 되어 16일 지나면 우화한다. 앞날개와 뒷날개에 걸쳐 넓고 흰 띠가 있고, 이 흰 띠에 접하는 가늘고 흰 직선 띠가 있으며, 앞날개에는 넓고 흰 띠 안쪽에 큰 눈알 무늬가 있다.

종령 유충 갈색형

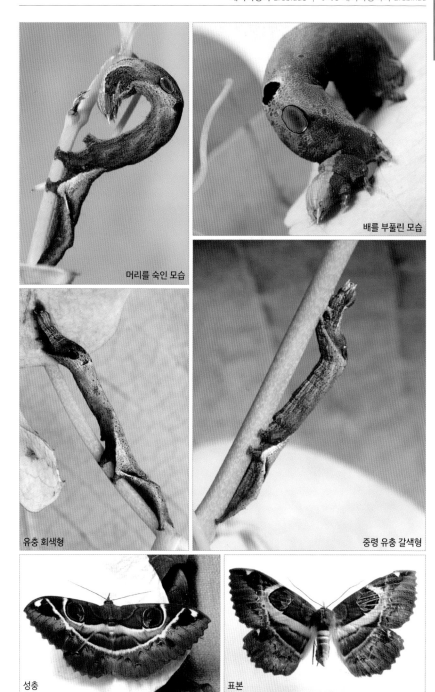

머리를 숙인 모습

배를 부풀린 모습

유충 회색형

중령 유충 갈색형

성충

표본

V-10-3 **흰줄태극나방** *Metopta rectifasciata*

먹이식물: 청미래덩굴(*Smilax china*)

유충시기: 8월 유충길이: 70mm

우화시기: 이듬해 4월 날개길이: 61mm 채집장소: 순천 왕의산

유충은 갈색형과 회색형이 있다. 머리는 몸에 비해 작고 흑갈색이며 양쪽에 미색 줄무늬가 있다. 가슴은 뒤로 갈수록 커져 머리와 함께 삼각형이 된다. 1배마디에 큰 눈알 무늬가 있으며 방해를 받으면 부풀린다. 3배마디 다리는 없고 4배마디 다리는 아주 작다. 잎을 붙이고 번데기가 되어 이듬해 우화한다. 성충 앞날개 중간에 큰 태극무늬가 있고, 외횡선대는 흰색이며 뒷날개까지 연결된다.

종령 유충 회색형

중령 유충 갈색형

중령 유충 회색형

성충

종령 유충 갈색형

표본

V-10-4 **큰갈색띠밤나방** *Hypopyra vespertilio*

먹이식물: 자귀나무(*Albizzia julibrissin*)

| 유충시기: 7월 유충길이: 65mm |
| 우화시기: 7월 날개길이: 66mm 채집장소: 순천 송광사 |

유충 머리는 황갈색이며 몸에 비해 작다. 3, 4배마디 다리는 짧다. 몸은 흑갈색이고, 털받침은 연한 갈색이며 약간 솟았다. 가지에 딱 붙어 있으면 알아보기 어렵다. 잎을 붙이고 번데기가 되어 17일 지나면 우화한다. 성충 앞날개 전연에 연한 쑥색 부분이 넓게 있고 그 속에 검은 줄무늬가 3개 있으며, 날개 중간에 작은 무늬가 둥글게 이어져 반원을 이룬다.

종령 유충

탈피 전 유충

성충

표본

V-10-5 **무궁화무늬나방(무궁화밤나방)** *Thyas juno*

먹이식물: 가래나무(*Juglans mandshurica*)

유충시기: 7월　유충길이: 83~85mm
우화시기: 8월　날개길이: 80~83mm　채집장소: 순천 선암사

중령 유충 머리는 검은색이며, 흰색 八자 무늬가 있고, 배 끝에 작은 흰색 돌기가 있다. 5배마디에 붉은색
으로 둘러싸인 검은색 눈알 무늬가 있다. 종령 전 단계 유충 머리는 적갈색이며 양 가장자리에 있는 흰 줄
무늬는 작아진다. 종령 유충은 몸이 더 짙어지고 눈알 무늬가 더욱 뚜렷해진다. 잎을 붙이고 번데기가 되
어 보름 지나면 우화한다. 성충 앞날개는 회갈색이고 갈색 횡선은 가늘고 뚜렷하며 콩팥 무늬는 갈색이
다. 가래나무과와 참나무과 식물을 먹는 것으로 알려졌다.

종령 유충

중령 유충

종령 전 유충

성충

표본

V-11-1 **태백무늬나방(태백밤나방)** *Blasticorhinus hoenei*

먹이식물: 칡(*Pueraria thunbergiana*)

> 유충시기: 6월 유충길이: 45~50mm
> 우화시기: 7월 날개길이: 37mm 채집장소: 구례 천은사

중령 유충 머리는 조금 납작한 편이며 가운데에 검은색 무늬가 있고, 몸은 회녹색이다. 종령 유충 머리 양쪽은 연갈색이고 가운데는 검은색이며, 검은 부분에 연갈색 줄무늬가 있다. 몸에는 검은색과 갈색이 뒤섞여 있다. 3, 4배마디 다리는 없고 몸에 억센 털이 듬성듬성 있다. 잎을 붙이고 번데기가 되어 17일 지나면 우화한다. 성충 앞날개 끝은 뾰족하고, 외연은 둥글며, 연한 회황색이다. 후연 중간과 아외연선 중간 부분에 검은 점무늬가 있다.

종령 유충

중령 유충

종령 전 유충

번데기가 되려고 잎을 붙인 모양

성충

표본

W-1 **갈색점비행기나방(갈색점비행기밤나방)** *Atacira grabczewskii*

먹이식물: 고로쇠나무(*Acer mono*)

유충시기: 6~7월 **유충길이:** 20mm
우화시기: 8월 **날개길이:** 22~25mm **채집장소:** 순천 조계산, 광양 백운산자연휴양림

유충 머리는 흑갈색이며 중간에 흰 줄이 있다. 몸은 연갈색이며 작은 갈색 점들이 흩어져 있고 양쪽에 갈색 줄이 있다. 나무껍질 가루를 머리 부분에는 넓고 크게, 꼬리 부분과 몸 중간에는 뿔 모양으로 쌓아 올려 마치 흙으로 만든 뿔 달린 강아지 같다. 다 자라면 이 집을 벗어 버리고 흙 속에 들어가 번데기가 되어 13~17일 지나면 우화한다. 성충은 날개를 비행기 모양으로 접고 배를 위로 들고 앉는다. 앞날개 중횡선은 검은색이고 안쪽에는 가락지 무늬가 있으며, 선에 접해 미색으로 둘러싸인 갈색 콩팥 무늬가 있다.

유충

집을 덮어쓴 유충

성충

유충 집 아랫면

잎에 있는 유충 집

표본

W-2 **작은비행기나방(작은비행기밤나방)** *Eutelia adulatricoides*

먹이식물: 미국풍나무(*Liquidambar styraciflua*)

| 유충시기: 9월 유충길이: 25mm
| 우화시기: 11월, 이듬해 5월 날개길이: 29~32mm 채집장소: 나주 산림자원연구소, 광양 서울대학술림

중령 유충 머리는 연두색, 몸은 녹색이며 배 윗면 양쪽에 흰 줄이 있다. 종령 유충 몸에는 미세한 미색 점 무늬가 많다. 기문은 주황색이다. 비행기나방 유충과 생김새가 아주 비슷한데 비행기나방 유충은 미세한 점무늬가 드문드문 있다. 다만, 이 점이 결정적인 차이인지는 조금 더 확인할 필요가 있다. 잎을 둘러 붙이 거나 흙 표면에 잎을 붙이고 번데기가 되어 11월에 우화하는 것도 있었고 5월에 우화하는 것도 있었다. 성 충도 비행기나방과 생김새가 아주 비슷하며 날개를 반 접고 배를 쳐들고 앉는 자세도 같은데, 작은비행기 나방은 뒷날개 기부가 흰색인 것으로 구별한다.

종령 유충

중령 유충

성충

표본

X-1-1 **국명 없음** *Risoba obscurivialis*

먹이식물: 가래나무(*Albizzia julibrissin*)

유충시기: 7월, 9월 **유충길이:** 30mm

우화시기: 7월, 9월 **날개길이:** 29~33mm **채집장소:** 광양 한재, 광양 서울대학술림

종령 유충 머리는 살구색이며, 몸은 백록색이고 양쪽에 굵고 흰 줄이 있다. 잎을 잘게 잘라 붙여 고치를 틀고 번데기가 되어 13일 지나면 우화한다. 성충 앞날개 끝 근처에서부터 후연 가운데까지 넓고 흰 띠가 있다. 기부에 있는 1/4 원의 위쪽은 흰색, 아래쪽은 갈색이다. 전연에서 날개 중간까지는 녹색 인편으로 덮었다. 유사종이 있어 재동정이 필요하다.

유충

유충

고치

성충

표본

X-2-1 **검은띠애나방** *Gelastocera exusta*

먹이식물: 나도밤나무(*Meliosma myriantha*)

| **유충시기:** 7월, 9~10월 **유충길이:** 20mm
| **우화시기:** 7월, 10월 **날개길이:** 24~30mm **채집장소:** 광양 서울대학술림

종령 유충 머리는 주황색이고 검은 점이 있다. 가슴에는 검은색과 흰색이 섞여 있다. 배 양옆은 검은색이고, 1배마디에는 노란색 줄무늬가 있으며, 나머지 배마디에 있는 줄무늬는 주황색이다. 노란색 바탕에 갈색 줄이 있는 직삼각형 뿔 모양 고치를 틀고 번데기가 되어 10~12일 지나면 우화한다. 성충 앞날개 횡선은 물결 모양이고 중횡선과 외횡선 사이는 적갈색이며, 나머지는 색이 옅다. 1년에 2회 이상 발생하는 것으로 보인다.

종령으로 막 탈피한 유충

고치

성충

표본

종령 유충

X-2-2 **애기푸른나방** *Macrochthonia fervens*

먹이식물: 시무나무(*Hemiptelea davidii*)

유충시기: 5월 유충길이: 25mm
우화시기: 5월 날개길이: 37mm 채집장소: 광주 무등산 용추계곡

유충 머리와 몸은 백록색이고 짧고 노란 줄무늬가 있으며, 털받침은 노란색으로 약간 솟았다. 자루가 달린 노란색 고치를 틀고 13일 지나면 우화한다. 성충은 앞날개 끝이 약간 둔한 갈고리 모양이다. 횡선은 짙은 갈색으로 뚜렷하고, 중횡선은 중간쯤에서 떨어졌으며, 외횡선 안쪽은 넓은 갈색 띠를 이룬다.

유충

고치

성충

표본

X-2-3 **푸른나방(푸른밤나방)** *Clethrophora distincta*

먹이식물: 붉가시나무(*Quercus acuta*)

유충시기: 5월 **유충길이**: 35mm
우화시기: 6월 **날개길이**: 34~38mm **채집장소**: 완도수목원

중령 유충 머리는 노란색, 가슴은 녹색이다. 배 중간과 양쪽에 갈색 띠가 넓게 있고, 가슴과 배에는 흰 점으로 된 세로줄이 있다. 가슴이 약간 부풀고 배 뒤로 갈수록 가늘어진다. 종령 유충이 되면 머리는 백록색이 되고 가슴과 배의 갈색은 녹색으로 변한다. 보트를 엎은 것과 같은 모양으로 흰색 고치를 틀고 번데기가 되어 18~20일 지나면 우화한다. 성충 앞날개는 짙은 녹색이고 아외연선 바깥쪽은 색이 조금 옅고 뒷날개는 적갈색이다.

종령 유충

종령 유충

고치

성충

표본

X-2-4 **그물애나방(그물밤나방)** *Sinna extrema*

먹이식물: 가래나무(*Juglans mandshurica*), 굴피나무(*Platycarya strobilacea*)

> **유충시기:** 7월, 9~10월 **유충길이:** 20mm
>
> **우화시기:** 7~8월, 이듬해 3월 **날개길이:** 29~37mm **채집장소:** 순천 선암사, 광양 서울대학술림, 고창 선운사

유충 머리에 작고 검은 점이 있다. 몸은 통통하고 녹색이며 배 윗면 양쪽에 미색 줄무늬가 있고, 자홍색 선점 무늬가 있는 개체도 있고 없는 개체도 있다. 보트를 엎은 것과 같은 모양으로 노란색에 갈색 줄무늬가 있는 고치를 틀고 번데기가 되어 1주일 지나면 우화한다. 성충 날개는 흰색이고, 앞날개에 있는 벌집무늬가 회백색인 개체도 있고 황갈색인 개체도 있다. 날개 끝 부근에 검은색 줄무늬가 있고 외연에 검은색 점줄 무늬가 있다.

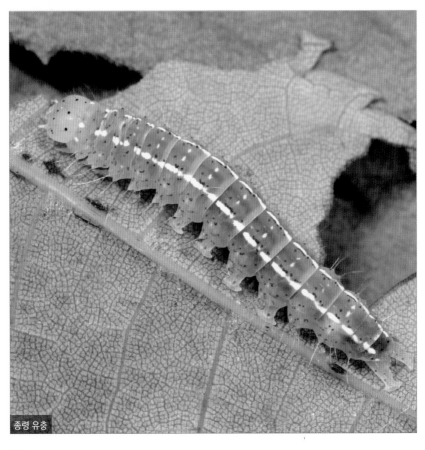

종령 유충

종령 유충

중령 유충

고치

성충 회백색형

성충 황갈색형

표본

X-2-5 **꽃무늬나방(꽃무늬밤나방)** *Camptoloma interiorata*

먹이식물: 갈참나무(*Quercus aliena*)

유충시기: 5월 **유충길이:** 25mm
우화시기: 6월 **날개길이:** 33mm **채집장소:** 괴산 설우산

유충 머리와 앞가슴은 검은색이다. 몸은 통통하고, 흑갈색과 흰색 줄이 교대로 있으며, 긴 털이 있다. 흙과 낙엽 사이에 고치를 틀고 번데기가 되어 거의 한 달이 지나면 우화한다. 성충 앞날개는 연한 황갈색이며, 검은 사선이 5개 있고, 아래쪽에는 주홍색 줄무늬가 있다.

유충

고치

성충

표본

X-2-6 **앞무늬부채껍질밤나방** *Nycteola costalis*

먹이식물: 붉가시나무(*Quercus acuta*)

| **유충시기:** 5월, 8월, 9~10월　**유충길이:** 15mm
| **우화시기:** 5월, 8월　**날개길이:** 19~24mm　**채집장소:** 완도수목원

유충 머리와 몸은 백록색이며 길고 흰 털이 있다. 어린 붉가시나무 털 속에 있으면 눈에 잘 띄지 않는다. 버드나무에 사는 부채껍질나방과 생김새가 아주 유사해 거의 구별하기 어렵다. 보트를 엎은 것과 같은 모양으로 흰색 고치를 틀고 번데기가 되어 10일 지나면 우화한다. 성충 앞날개는 회갈색이며 내횡선과 외횡선 사이에 검은색과 갈색 무늬가 있다. 아외연선은 검은 점무늬로 이루어지고, 흰색 줄로 둘렸다.

유충

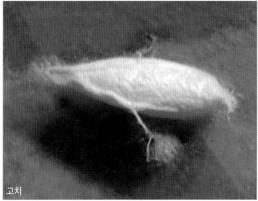
고치

성충

표본

X-3-1 **맵시혹나방** *Manoba major*

먹이식물: 가래나무(*Juglans mandshurica*), 배롱나무(*Lagerstroemia indica*)

유충시기: 7~8월, 9월 **유충길이:** 15mm

우화시기: 8월, 이듬해 5월 **날개길이:** 19~21mm **채집장소:** 광양 서울대학술림, 순천 선암사

유충 머리는 갈색이다. 몸은 연갈색이고 검은색 줄무늬가 배 윗면 양쪽과 1~3배마디에 가로로 있으며, 다
갈색 돌기가 있다. 털을 섞은 갈색 고치를 틀고 번데기가 되어 10일 지나면 우화한다. 유충은 시기를 달리
하며 계속 발생해 잎을 거의 남겨 놓지 않을 정도로 대발생하기도 한다. 성충 앞날개는 갈색이고 점 같은
흰색 비늘이 흩어져 있다. 내횡선 안쪽 전연에 검은 무늬가 있고, 내횡선 바깥쪽 전연에도 반원 무늬가 있
다. 바깥쪽 반원의 전연 쪽 반은 색이 옅고 나머지 반은 검다. 외횡선은 물결 모양이다.

중령 유충

고치

성충

종령 유충

표본

X-3-2 **깊은산혹나방** *Meganola bryophilalis*

먹이식물: 졸참나무(*Quercus serrata*)

| **유충시기:** 7월 **유충길이:** 10mm
| **우화시기:** 7월 **날개길이:** 15mm **채집장소:** 순천 조계산

유충 몸은 노란색이며, 가슴과 3배마디까지는 양쪽 돌기가 붉은색이고 나머지 배마디 돌기는 노란색
이다. 3배마디 전체, 6, 7배마디 중간 부분은 분홍색이다. 잎 한쪽 면을 먹는다. 나무껍질을 뜯어 고치
를 틀고 8일 지나면 우화한다. 성충 날개는 갈색이고 횡선은 흑갈색이며 굴곡이 심하다. 앞날개 전연
에서 날개 중간에 걸쳐 흰 무늬가 있다.

유충

고치

성충

표본

X-3-3 **신선혹나방** *Meganola strigulosa*

먹이식물: 굴참나무(*Quercus variabilis*)

유충시기: 7월 **유충길이:** 7mm
우화시기: 7월 **날개길이:** 11mm **채집장소:** 순천 선암사

유충 머리와 몸은 미백색이다. 배 윗면 중간에 미색 줄이 있으며, 몸 양쪽에 돌기가 있고, 털이 많다. 배 끝은 둥글고 털이 빙 둘러 나 있다. 사육 시에는 물휴지 속에 들어가 번데기가 되어 10일이 지나 우화했다. 성충 앞날개는 회색이고 가운데에 넓은 흑갈색 띠가 있으며, 이 띠 옆 전연 가까이에 외연 쪽으로 흑갈색 무늬가 있다. 아외연선 부근에 갈색 선점이 있다.

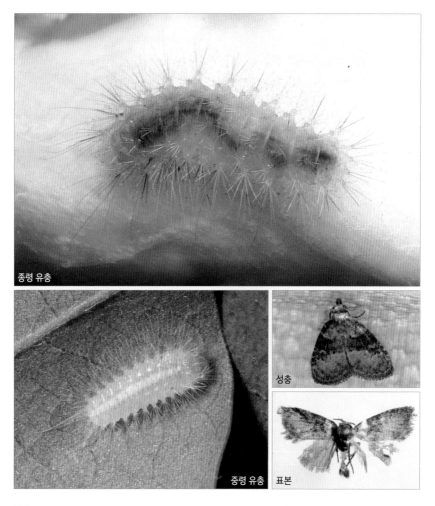

종령 유충

중령 유충

성충

표본

X-3-4 **닮은맵시혹나방** *Meganola basisignata*

먹이식물: 히어리(*Corylopsis coreana*)

유충시기: 9월 **유충길이:** 12mm
우화시기: 이듬해 4월 **날개길이:** 17mm **채집장소:** 순천 불재

유충은 갈색형과 흑색형이 있다. 머리는 연한 살구색, 몸은 투명한 백록색이다. 몸에 있는 둥근 돌기가
갈색인 개체도 있고 검은색인 개체도 있다. 흰색 고치를 틀고 번데기가 되어 이듬해에 우화한다. 성충
날개는 회갈색이며 앞날개 전연 중간에 갈색 반원 무늬가 있고, 이 무늬의 중간 아래에 검은 점무늬가
있다. 외횡선은 흑갈색 점줄이며 중간에서 바깥쪽으로 튀어나왔다.

유충 갈색형

유충 흑색형

성충

표본

X-3-5 **흰껍질혹나방(흰껍질밤나방)** *Nolathripa lactaria*

먹이식물: 가래나무(*Juglans mandshurica*)

| 유충시기: 6~7월, 8~9월 **유충길이:** 15mm
| 우화시기: 11월 **날개길이:** 26mm **채집장소:** 광양 서울대학술림

중령 유충 머리는 검은색이고, 가슴과 2~4배마디는 검은색이며 나머지는 붉은빛이 도는 흰색이다. 종령 유충이 되면 몸 양옆 검은색 돌기가 붉은색으로, 미색 돌기는 살구색으로, 2~4배마디는 검은색으로, 나머지는 노란색으로 변한다. 나무껍질을 긁어 붙여 고치를 틀고 번데기가 된다. 여름 유충은 10일 정도면 우화하는 것으로 추정되나, 사육 시에는 고치가 더위에 녹아 우화에 실패했으며, 가을 유충은 11월에 우화했다. 성충 앞날개 외횡선 안쪽은 광택이 도는 흰색이고 전연에 검은 삼각 무늬가 있다. 외횡선 바깥쪽에 갈색 물결무늬가 있다.

종령 유충

어린 유충

종령 전 유충

고치

성충

표본

Y-1-1 **적색은무늬밤나방** *Sclerogenia jessica*

먹이식물: 산씀바귀(*Lactuca raddeana*)

유충시기: 8월　**유충길이:** 25mm
우화시기: 8월　**날개길이:** 30mm　**채집장소:** 순천 왕의산

유충 머리는 연녹색, 가슴과 배는 백록색이고 배 윗면에 흰색 줄이 몇 개 있으며, 기문 바로 위 줄도 흰색이다. 3, 4배마디 다리는 없다. 잎을 붙이고 번데기가 되어 11일 지나면 우화한다. 성충 앞날개는 흑청색이고 내횡선과 외횡선은 적색이 약간 섞인 회색이며 두 횡선 사이에 옆으로 누운 흰색 y자 무늬가 있다.

유충

유충

성충

표본

Y-1-2 **오이금무늬밤나방** *Anadevidia peponis*

먹이식물: 참오동나무(*Paulownia tomentosa*)

유충시기: 8~9월 **유충길이:** 30mm

우화시기: 8~9월 **날개길이:** 39~41mm **채집장소:** 장흥 천관산동백숲 임도, 완도수목원

유충 머리는 연한 백록색이고, 몸통은 녹색이며 배마디마다 크고 넓은 흰색 무늬가 있다. 1~4배마디마다 작은 돌기가 1쌍씩 있다. 기문선이 흰색이고 넓은데, 이것으로 생김새가 비슷한 분홍금무늬밤나방 유충과 구별한다. 3, 4배마디 다리는 없다. 기문선 위에 검은 점이 있는 개체도 있고 없는 개체도 있다. 잎을 약간 접고 솜사탕 같은 고치를 틀어 번데기가 되며, 10일이 지나면 우화한다. 성충 날개에는 분홍색과 흑갈색이 뒤섞여 있다. 성충도 분홍금무늬밤나방과 생김새가 아주 유사한데 외횡선이 뚜렷하지 않은 것(분홍금무늬밤나방은 가는 줄이 뚜렷하다)으로 구별한다.

유충

유충

고치

성충

표본

Y-2-1 **꼬마봉인밤나방** *Sphragifera biplagiata*

먹이식물: 굴피나무(*Platycarya strobilacea*)

유충시기: 7월, 8월 **유충길이:** 25mm

우화시기: 7월, 이듬해 5월 **날개길이:** 27~33mm **채집장소:** 순천 계족산, 담양 금성산성

유충 머리는 백록색이며 연두색 줄무늬가 중간에 2개, 양쪽에 1개씩 있다. 몸은 연두색이며 양쪽에 노란색 줄이 있다. 여름형은 흙 속에 들어가 번데기가 되었다가 16일 지나면 우화한다. 성충 앞날개 끝에 둥근 황갈색 무늬가 있고, 기부 1/3 지점 전연에서 날개 중간까지 굵은 주황색 사선이 있다.

유충

노숙 유충

성충

표본

Y-2-2 **꼬마쌍흰점밤나방(쌍흰점꼬마밤나방)** *Amyna stellata*

먹이식물: 쇠무릎(*Achyranthes japonica*)

유충시기: 8월 유충길이: 30mm
우화시기: 9월 날개길이: 24mm 채집장소: 장흥 천관산동백숲 임도

유충 머리와 몸은 녹색이며, 머리에는 검은 점이 있고, 기문선은 흰색이다. 3, 4배마디 다리는 없다. 잎을 붙이고 번데기가 되어 12일 지나면 우화한다. 성충 앞날개는 초콜릿색이다. 외횡선은 바깥쪽으로 크게 휘며, 흰 곳 안쪽에 둥글고 흰 무늬가 있고 그 위에 희미한 회색 가락지 무늬가 있다. 내횡선 바로 바깥에도 희미한 가락지 무늬가 있다. 전연에는 짧은 줄무늬가 있고 날개 끝 가까이에도 회색 무늬가 있다.

유충

성충

표본

Y-2-3 **남방쌍무늬밤나방(남방쌍무늬짤름나방)** *Brevipecten consanguis*

먹이식물: 수까치깨(*Corchoropsis tomentosa*)

유충시기: 8~9월 **유충길이:** 28mm
우화시기: 이듬해 6월 **날개길이:** 29mm **채집장소:** 광양 백운산휴양림

유충 머리는 녹색이고, 몸은 백록색이며 양쪽에 흰 줄이 있다. 배 윗면 마디마다 붉은색 줄무늬가 흰 줄에 접해 있다. 3, 4배마디 다리는 없다. 흙 속에 들어가 고치를 틀고 번데기가 된다. 성충 앞날개는 회갈색이며 전연에 큰 흑갈색 무늬가 2개 있다.

유충

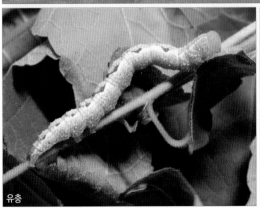
유충

성충

표본

Y-3-1 **북방꼬마밤나방** *Chorsia noloides*

먹이식물: 느티나무(*Zelkova serrata*)

| **유충시기:** 7월, 8월 **유충길이:** 13~15mm
| **우화시기:** 8월, 이듬해 4월 **날개길이:** 14~16mm **채집장소:** 밀양 재약산, 순천 선암사

어린 유충은 머리와 몸에 검은 점이 많고, 잎 한쪽 면만 먹는다. 종령 유충도 검은 점이 많은데, 머리에 있는 점무늬 2개와 기문에 있는 검은 점무늬는 더 커진다. 종령 전 유충부터 잎 양쪽 면을 다 먹기 시작한다. 흙 속에 들어가 번데기가 되어 11일 지나면 우화한다. 월동하는 개체는 고치를 튼다. 성충은 아리랑꼬마밤나방과 생김새가 아주 유사한데, 앞날개 전연 중간에 있는 흑갈색 띠무늬가 후연에 있는 갈색 무늬와 연결된 점이 다르다(아리랑고마밤나방은 중간에서 떨어진다). 이 갈색 띠무늬 중간에 흰색 테두리로 둘린 둥글고 검은 무늬가 있다.

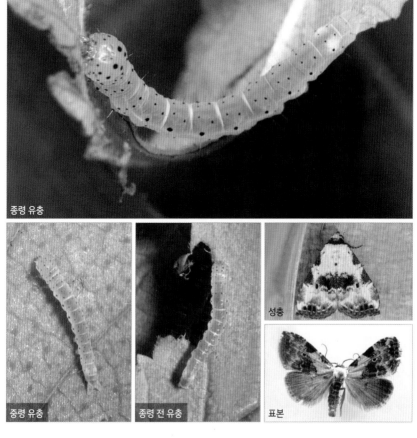

종령 유충

종령 유충

종령 전 유충

성충

표본

Y-4-1 **배노랑버짐나방** *Trichosea champa*

먹이식물: 매실나무(*Prunus mume*), 홍가시나무(*Photinia glabra*), 진달래(*Rhododendron mucronulatum*)

유충시기: 6~7월, 9월 유충길이: 35mm

우화시기: 10월 날개길이: 47~49mm 채집장소: 순천 조계산, 남원 뱀사골, 완도수목원

중령 유충의 가슴과 1~3배마디는 검은색이다. 1~3배마디에는 흰 점무늬가 있고, 나머지 배마디는 미황색이다. 8배마디에는 검은 털 다발이 있으며, 긴 흰색 털이 있다. 종령 유충 몸은 검은색이고 배 윗면 중간에 붉은색 줄이 있으며 배마디마다 흰색과 붉은색이 간간이 섞여 있다. 가운데가슴과 8배마디에는 흑갈색 털 다발이 솟았고, 몸 전체에 긴 털이 나 있다. 잎과 가지 사이에 미색 고치를 틀고 번데기가 되어 20일 지나면 우화한다. 성충 앞날개는 흰색 바탕에 검은색 무늬가 기하학적으로 나타난다. 뒷날개 기부에서 후연 끝까지 노란색 무늬가 있고 날개 끝부분은 검은색이다. 광식성이나 주로 장미과 식물을 먹었다. 1년에 2회 발생하는 것으로 보인다.

중령 유충

고치

성충

종령 유충

표본

Y-4-2 **북방배노랑버짐나방** *Trichosea ludifica*

먹이식물: 철쭉(*Rhododendron schlippenbachii*)

| **유충시기:** 8월 **유충길이:** 40mm
| **우화시기:** 9월 **날개길이:** 36~40mm **채집장소:** 구례 성삼재

초령 유충 몸의 반은 검은색, 반은 회색이다. 중령 유충 앞부분은 회청색에 주황색 돌기가 있고 뒤쪽 반은 옅은 회청색에 연한 살구색 돌기가 있다. 종령 유충은 회청색과 노란색 줄무늬가 번갈아 있고 길고 흰 털이 있다. 갈색 고치를 틀고 번데기가 되어 보름 지나면 우화한다. 성충 날개는 미백색 바탕에 굴곡이 심한 검은색 횡선이 여러 개 있다. 배노랑버짐나방과 생김새가 매우 유사한데, 북방배노랑버짐나방 크기가 더 작고 중실 안쪽 가락지 모양과 그 옆 콩팥 무늬(바깥쪽으로 약간 휜 사각형) 안쪽이 순백색인 것으로 구별한다.

초령 유충

중령 유충

중령 유충

성충

종령 유충

표본

Y-4-3 **털보버짐나방** *Colocasia mus*

먹이식물: 졸참나무(*Quercus serrata*)

| **유충시기:** 6~7월 **유충길이:** 22mm
| **우화시기:** 7월 **날개길이:** 27mm **채집장소:** 구례 피아골

어린 유충은 검은색 털북숭이 같다. 종령 유충 몸은 회색이며 양옆에 살구색 무늬가 있다 1, 2, 8배마디에 는 검은색 털 다발이 솟았으며, 다른 털은 흰색이다. 항상 잎을 실 몇 가닥으로 붙여 텐트처럼 만들고 지낸다. 잎을 붙이고 번데기가 되어 11일 지나면 우화한다. 성충 날개는 회갈색이고 횡선은 흑갈색이다. 내횡선과 외횡선 사이에 가락지 무늬, 초승달 무늬, 세 점으로 이루어진 삼각 무늬가 있다.

종령 유충

초령 유충

중령 유충

성충

표본

Y-5-1 **남방세무늬저녁나방** *Cymatophoropsis unca*

먹이식물: 까마귀베개(*Rhamnella franguloides*)

유충시기: 5~6월 **유충길이:** 35mm
우화시기: 6~7월 **날개길이:** 31~32mm **채집장소:** 광주 무등산 용추계곡

중령 유충 머리는 노란색, 몸은 녹색이다. 종령 유충 머리와 몸은 자갈색, 기문선은 미색이고 기문은 검은색으로 뚜렷하다. 흙 속에 들어가 흙으로 고치를 틀고 보름 지나면 우화한다. 성충 앞날개는 흑갈색이고, 흰색 테두리로 둘린 큰 연갈색 무늬가 3개 있다. 세무늬저녁나방과 생김새가 아주 비슷하나 세무늬저녁나방은 날개 중간에 있는 원 주위가 물결 모양이고 외연에 있는 큰 무늬 2개 사이에 작은 반원 무늬가 더 있다.

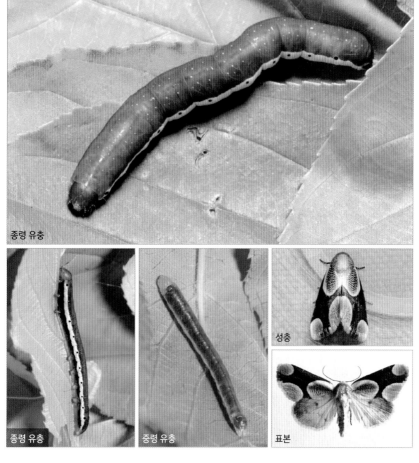

종령 유충

종령 유충

중령 유충

성충

표본

Y-5-2 **흰무늬애저녁나방** *Gerbathodes paupera*

먹이식물: 졸참나무(*Quercus serrata*)

유충시기: 6~7월, 9월 **유충길이:** 25~28mm

우화시기: 7월, 이듬해 4월 **날개길이:** 28~30mm **채집장소:** 구례 송정마을, 보성 제석산, 순천 송광사

초령 유충은 미색이며 잎 한쪽 면만 먹는다. 종령 유충 머리는 미색이고 몸통은 녹색이며 양쪽으로 노란색 줄이 있고, 긴 털이 있다. 몸 한가운데에 검은 점이 있는 개체도 있고 없는 개체도 있다. 중령 유충부터 잎 양쪽 면을 다 먹는다. 여름형은 잎을 붙이고 번데기가 되어 10일 지나면 우화한다. 성충 앞날개는 흑갈색이고 중간에 밝은 부분이 있는데 그 속에 흰색과 갈색 무늬가 있다. 1년에 2회 발생한다.

종령 유충

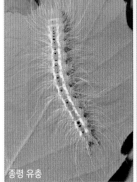
종령 유충

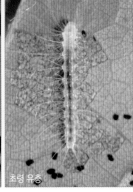
초령 유충

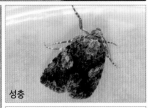
성충

표본

Y-5-3 **점줄저녁나방** *Acronicta hercules*

먹이식물: 느티나무(*Zelkova serrata*)

| **유충시기:** 9월 **유충길이:** 40mm
| **우화시기:** 10월 **날개길이:** 51mm **채집장소:** 광양 백운산휴양림

머리와 앞가슴은 황갈색이고 앞가슴 중간에 굵고 검은 줄무늬가 있다. 몸은 적갈색이고 배 윗면 중간에 검은 줄무늬가 있다. 8배마디에는 털받침 4개가 작은 돌기 모양으로 솟았다. 털 기부는 붉은색이고 나머지는 검은색이며 길다. 항상 잎 위에서 몸을 접고 있다. 사육 시에는 오아시스에 들어가 번데기가 되었다가 25일 지나 우화했다. 성충 앞날개는 회색이며 전연과 외연에 짧고 검은 줄무늬가 있다. 가락지 무늬와 콩팥 무늬는 회갈색이며 희미하다.

유충

성충

표본

Y-5-4 **흰배저녁나방** *Acronicta pulverosa*

먹이식물: 보리수나무(*Elaeagnus umbellata*)

유충시기: 9월 **유충길이:** 18mm

우화시기: 이듬해 5월 **날개길이:** 35mm **채집장소:** 광양 서울대학술림

유충 머리와 몸은 옥색이며 짧은 털이 많고 긴 털이 듬성듬성 나 있다. 뒷가슴에는 검은색과 주황색 털이 나 있고 배마디 사이마다 작고 검은 점이 줄지어 있다. 사육통 속에 둔 오아시스에 들어가 번데기가 되었다. 성충 앞날개는 연한 회갈색이고 기부에 검은 칼 무늬, 날개 뒤 끝 가까운 곳에 굵고 검은 줄무늬가 있으며, 날개 중간 콩팥 무늬 옆에도 검은 사각 무늬가 있다.

유충

성충

표본

Y-5-5 **오리나무저녁나방** *Acronicta cuspis*

먹이식물: 물오리나무(*Alnus hirsuta*)

유충시기: 8월 **유충길이:** 35mm
우화시기: 이듬해 5월 **날개길이:** 45mm **채집장소:** 구례 성삼재

유충 1배마디에 검은 돌기가 솟았고, 길고 검은 털 다발이 있다. 8배마디에는 검은 돌기가 2개 솟았다. 배 윗면은 노란색이며, 배 옆면은 회색과 검은색이 섞여 있고 배마디마다 주황색 줄무늬가 막대처럼 2개씩 나란히 있다. 사육통의 오아시스에 들어가 이듬해 우화했다. 성충 날개는 회색이고, 기부에 긴 칼무늬와 후연 가까운 곳에 길고 검은 막대 무늬가 있다. 각 횡선은 전연에서 굵고 뚜렷하다. 가락지 무늬 오른쪽과 콩팥 무늬 왼쪽은 활 모양이며 검은색으로 뚜렷하다. 뒷날개는 흐릿한 갈색이다. 자작나무과 식물을 먹는다.

유충

유충

성충

표본

Y-5-6 **굵은무늬저녁나방** *Craniophora fasciata*

먹이식물: 광나무(*Ligustrum japonicum*)

유충시기: 7월 **유충길이:** 30mm

우화시기: 이듬해 5월 **날개길이:** 38mm **채집장소:** 완도 접도

중령 유충 머리는 노란색이고 가슴과 배에 검은 점이 많다. 종령 유충 머리는 살구색이며 양쪽에 검은 줄무늬가 있고, 배 끝에 검은 점이 2개 있으며 그 점 옆에 미색 줄무늬가 있다. 길고 검은 털이 듬성듬성 나 있고 기문은 주황색이다. 타원형으로 납작한 고치를 틀었다. 성충 앞날개에 세로로 굵고 검은 줄무늬가 있는데 중간에 끊겼다. 중횡선대도 검고 굵다.

종령 유충

종령 유충

종령 유충

고치

성충

표본

Y-5-7 **꼬마저녁나방** *Narcotica niveosparsa*

먹이식물: 개서어나무(*Carpinus tachonoskii*)

| **유충시기:** 7월 **유충길이:** 20mm
| **우화시기:** 8월 **날개길이:** 29mm **채집장소:** 광양 한재

유충 머리는 녹색이고 八자 무늬가 있다. 가슴과 배도 녹색이며, 노란색 줄무늬가 있고 그 속에 흰색 하트 무늬가 뒷가슴에는 작은 것이, 4배마디에는 큰 것이 있다. 배 끝에 작은 붉은색 돌기가 있다. 노숙 유충이 되면 노란색과 흰색이 주황색으로, 녹색은 흑자색으로 변한다. 흙 속에 들어가 흙으로 고치를 틀고 보름 지나면 우화한다. 성충 앞날개는 대체로 검고 중간에 있는 가락지 무늬는 연갈색이며 그 속에 있는 작은 원 무늬는 검은색이다. 가락지 무늬 아래에 고동색 부분이 있다. 전연에 짧고 흰 띠무늬가 있고 외연에도 흰 띠무늬가 있다.

종령 유충

노숙 유충

성충

표본

Y-5-8 **사과저녁나방** *Acronicta intermedia*

먹이식물: 국수나무(*Stephanandra incisa*)

유충시기: 9월 **유충길이:** 40mm

우화시기: 10월 **날개길이:** 41mm **채집장소:** 광양 백운산휴양림

유충 머리는 검은색이며, 가슴과 배 윗면 가운데는 노란색이고 양쪽은 검은색이다. 배마디마다 작고 흰 무늬가 3개씩 있으나, 1배마디는 검은색에 길고 검은 털 다발이 있고 배 끝마디도 검은색이다. 털은 길고 흰색과 검은색이 섞여 있다. 가을 사육 시에는 오아시스에 들어가 25일 지나 우화했다. 성충 앞날개 기저 중간에 검은색 칼 무늬가 있고 후연 끝 근처에도 가로로 길고 검은 무늬가 있다. 앞날개 무늬는 오리나무 저녁나방과 아주 유사한데, 뒷날개 가장자리는 갈색이나 나머지는 흰색인 것으로 구별한다.

> ** 1권에 실은 사과저녁나방과 유충 모습이 달라서 새로 싣는다. 같은 종 유충이 다른 모습인 것인지, 성충이 같아 보이나 다른 종인지 확인이 필요하다.*

유충

유충

성충

표본

Y-6-1 **털보밤나방** *Brachionycha nubeculosa*

먹이식물: 개암나무(*Corylus heterophylla* var. *thunbergii*), 쥐똥나무(*Ligustrum obtusifolium*), 신갈나무(*Quercus mongolica*)

유충시기: 4~5월 **유충길이:** 40mm
우화시기: 이듬해 3월 **날개길이:** 46mm **채집장소:** 가평 용추계곡

유충 머리와 몸은 녹색이다. 가운데·뒷가슴에 노란색 사선 무늬가 있고, 8배마디에는 노란색 가로 줄무늬가 있다. 중령과 종령 유충의 모양과 무늬는 차이가 없다. 방해를 받으면 가슴을 들고 다리를 벌린다. 성충 날개는 흑갈색이다. 앞날개 가운데에 세로 줄무늬가 있고, 그 아래 기부에서 1/3, 2/3 지점에 검은색으로 둘린 꺾쇠 무늬가 있다. 몸에 털이 많다.

종령 유충

종령 유충

중령 유충

성충

표본

Y-6-2 **가는날개톱날무늬밤나방** *Meganephria funesta*

먹이식물: 느티나무(*Zelkova serrata*)

유충시기: 4~5월　**유충길이:** 35mm
우화시기: 10월　**날개길이:** 47mm　**채집장소:** 구례 오산

유충 머리는 밝은 적갈색이며, 옆에서 보면 양쪽이 약간 솟았다. 가슴과 배는 녹색이며 미세한 돌기가 있고 배 끝에는 조금 긴 돌기가 1쌍 솟았다. 중령과 종령 유충의 생김새 변화는 별로 없다. 흙 속에 들어가 고치를 틀고 가을에 우화한다. 성충 앞날개는 전체가 검고 가락지 무늬와 콩팥 무늬 근처, 아외연선 근처만 조금 희미하며, 뒷날개는 희다. 가슴 양쪽에 흰색 갈매기 같은 무늬가 있다(사진에서 날개 끝이 희미한 것은 비늘이 떨어진 탓이다).

종령 유충

중령 유충

성충

표본

Y-7-1 **담배풀밤나방** *Condica dolorosa*

먹이식물: 담배풀(*Carpesium abrotanoides*)

> **유충시기:** 9월 **유충길이:** 30mm
> **우화시기:** 9월 **날개길이:** 30~32mm **채집장소:** 구례 화엄사

중령 유충 몸에는 녹색과 연두색이 섞여 있다. 털받침은 적자색과 흰색으로 이루어졌다. 종령 유충 배 윗면에 적자색 다이아몬드 무늬가 줄지어 생긴다. 기문 주위도 적자색이다. 흙 속에 들어가 번데기가 되어 17일 지나면 우화한다. 성충 앞날개는 검은색이고 가운데에 흰색 꽃무늬가 있으며, 전연에는 짧은 줄무늬가 있다. 검은희미무늬밤나방과 생김새가 아주 비슷하나 앞날개 후연에 연갈색 무늬가 있는 점이 다르다.

종령 유충

중령 유충

성충

표본

Y-8-1 **제주어린밤나방** *Callopistria duplicans*

먹이식물: 실고사리(*Lygodium japonicum*)

유충시기: 9월 **유충길이:** 23mm
우화시기: 이듬해 6월 **날개길이:** 30mm **채집장소:** 보성 제석산

중령 유충은 몸 전체가 백록색이다. 종령 유충이 되면 몸에 적갈색과 미색 무늬가 섞이고, 가운데·뒷가슴에 연갈색 무늬, 1, 8배마디와 배 끝에는 큰 갈색 무늬가 있으며, 기문선은 흰색이다. 방해를 받으면 1, 2배마디를 올리고 머리를 속으로 감춘다. 흙 속에 들어가 번데기가 된다. 성충은 어린밤나방과 생김새가 아주 유사한데, 제주어린밤나방은 외횡선 바깥쪽이 옅은 갈색으로 둘러 구별된다.

종령 유충

종령 유충

중령 유충

성충

표본

Y-8-2 **어린밤나방** *Callopistria juventina*

먹이식물: 고사리류(Filices)

유충시기: 8월, 10월 **유충길이:** 30mm
우화시기: 이듬해 6월 **날개길이:** 35mm **채집장소:** 장흥 천관산동백숲, 나주 산림자원연구소

유충은 녹색형과 갈색형이 있다. 녹색형 몸은 백록색이고 배마디마다 테두리가 노란 녹색 꺾쇠 무늬가 있다. 갈색형 몸은 연한 초콜릿색이며, 테두리가 노란 갈색 꺾쇠 무늬가 있다. 머리는 항상 속으로 집어 넣고 있어 잘 보이지 않는다. 성충 앞날개 내횡선 바깥쪽과 외횡선 바깥쪽에 분홍색 부분이 있다(표본이 오래 되면 갈색으로 변한다). 수컷 더듬이 기부에서 1/3 지점에 매듭이 있다.

유충 녹색형

유충 갈색형

성충

표본

Y-9-1 **모진밤나방** *Orthogonia sera*

먹이식물: 조록싸리(*Lespedeza maximowiczii*)

유충시기: 5월 **유충길이:** 45mm
우화시기: 6월 **날개길이:** 50mm **채집장소:** 광양 백운산

유충 머리는 갈색이며 가늘고 검은 그물 무늬가 있다. 몸은 옅은 갈색이고 밋밋하며 배 윗면 중간에 검은 줄이 있고, 배마디마다 희미한 갈색 쐐기 무늬가 있다. 가슴마디 사이에는 흰 점이 있다. 8배마디에는 가로 무늬가 있다. 흙 속에 들어가 28일 지나면 우화한다. 성충은 유사종이 있는데, 앞날개 아외연선이 날개 끝에서 조금 떨어진 곳에서 시작해 안쪽으로 꺾였다가 후연에 직각으로 닿는 점을 근거로 삼아 이 종으로 동정했다. 일본에서는 마디풀과 식물을 먹는 것으로 알려져 광식성으로 보인다.

유충

성충

표본

Y-9-2 **큰이른봄밤나방** *Xylena fumosa*

먹이식물: 소리쟁이(*Rumex crispus*), 오이풀(*Sanguisorba officinalis*)

유충시기: 5월 **유충길이:** 45mm

우화시기: 10월 **날개길이:** 66mm **채집장소:** 부안 내변산, 보성 재석산

중령 유충은 몸이 녹색이고 검은 줄무늬가 있으며, 배 윗면 양쪽에 연두색 줄이 있다. 한 번 탈피하고 나면 배 윗면 양쪽에 둘레가 검은 흰 털받침이 생긴다. 종령 유충 머리는 연두색이나, 빛이 있으면 가슴으로 넣어 잘 보이지 않는다. 몸도 연두색이며, 털받침 둘레에 검은 무늬가 생겨 눈에 띈다. 기문 주위에 붉은색 줄무늬가 있다. 물똥을 싸고 몸에서 수분도 뺀 뒤 흙 속에 들어가서 흙을 다져 방을 만든다. 여름이 지나고 가을에 우화한다. 앞날개는 갈색이며, 기저에 나뭇결무늬가 있고, 가락지 무늬와 콩팥 무늬 테두리는 갈색이다. 여러 풀을 먹는 것으로 알려졌다.

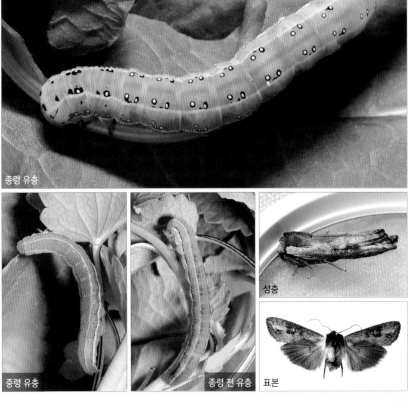

종령 유충

중령 유충

종령 전 유충

성충

표본

Y-9-3 **남방이른봄밤나방** *Xylena nihonica*

먹이식물: 동백나무(*Camellia japonica*), 마삭줄(*Trachelospermum asiaticum*)

| 유충시기: 5월 **유충길이:** 45~46mm
| 우화시기: 10월 **날개길이:** 46mm **채집장소:** 완도수목원

중령 유충 몸은 투명한 녹색이며 검은 점이 많다. 머리는 연한 주황색이나 항상 가슴 속으로 넣어 잘 보이지 않는다. 종령 전 유충 몸은 녹황색이며 1배마디에 검은 눈알 무늬가 있다. 종령 유충 머리는 미황색이며 둘레는 적황색이고 검은 줄무늬가 있다. 몸은 짙은 갈색이 된다. 다 자라면 10일 이상 더 먹으나 몸에 있는 물기를 서서히 빼면서 크기가 줄어든다. 흙 속에 들어가 흙으로 고치를 틀고 그 속에서 9월까지 유충으로 지내다가 번데기가 되어 가을에 우화한다. 성충이 앉은 모습은 나무토막 같아 보인다. 앞날개에 있는 콩팥 무늬는 뚜렷하며 가락지 무늬는 조금 희미하다. 외횡선과 중횡선 사이와 전연과 후연 부분은 적갈색이다. 광식성으로 알려졌다.

종령 유충

중령 유충

종령 전 유충

종령 유충 머리

성충

표본

Y-9-4 **세점무지개밤나방** *Eupsilia tripunctata*

먹이식물: 팽나무(*Celtis sinensis*)

유충시기: 5월 **유충길이:** 30mm
우화시기: 10월 **날개길이:** 38mm **채집장소:** 경주 단석산, 광양 한재

유충 머리는 다홍색이다. 앞가슴은 검은색이며 양쪽으로 붉은 줄이 있다. 가슴과 배 윗면에는 흰 줄이 3
개 있고 그 사이에 검은 사각 무늬가 있다. 기문 둘레에 둥글고 검은 무늬가 있다. 잎을 풍선처럼 붙이고
들락이며 잎을 먹는다. 흙 속에 들어가 고치를 틀고 여름을 지낸 뒤 가을에 우화한다. 성충 앞날개 중간
에 흰색으로 둘러싸인 분홍색 반원이 있고 그 위에 작고 붉은 무늬, 아래에 작고 흰 무늬가 있다.

유충

유충이 잎을 붙인 모양

성충

표본

Y-9-5 **큰회색밤나방** *Lithophane consocia*

먹이식물: 물오리나무(*Alnus hirsuta*)

유충시기: 5월 **유충길이:** 38mm
우화시기: 10월 **날개길이:** 44mm **채집장소:** 남원 뱀사골

중령 유충 머리와 몸은 연한 백록색이며 배 윗면에 흰 줄 3개와 흰 점이 있다. 종령 유충 머리는 검은색
이며 회백색 그물 같은 무늬가 있다. 앞가슴은 검은색이고 양쪽에 흰 줄이 있다. 몸은 흰색, 회색, 검은색
바둑판같은 모양으로 변한다. 흙 속에 들어가 고치를 틀고, 가을에 우화한다. 성충 앞날개는 회색이며 전
연에 짧은 줄무늬가 있다. 가락지 무늬와 콩팥 무늬는 크고, 콩팥 무늬 안쪽에는 갈색 부분이 있으며, 기
부 가까이에 아주 작고 흰 점이 있다.

종령 유충

중령 유충

성충

표본

Y-9-6 **적갈색띠밤나방** *Dryobotodes intermissa*

먹이식물: 붉가시나무(*Quercus acuta*)

유충시기: 5월　**유충길이:** 30mm

우화시기: 10월　**날개길이:** 35mm　**채집장소:** 완도수목원

중령 유충 머리는 갈색이며 뒷부분에는 검은 줄무늬가 있다. 배 윗면은 연한 녹갈색이며 흰 줄이 3개 있고, 배마디 사이는 흰색이어서 마치 흰 사각 무늬로 보인다. 종령 유충 몸은 회백색이며 배마디마다 나뭇잎 같은 갈색 무늬가 1쌍씩 있다. 흙 속에 들어가 고치를 틀고 번데기가 되어 가을에 우화한다. 성충 앞날개에는 흑갈색과 녹색이 섞여 있다. 외횡선은 물결 모양이고 검은색이다. 아외연선은 백록색이며 주위는 쑥색으로 둘렸다. 콩팥 무늬는 적갈색이고 외횡선 바깥쪽 후연 근처에도 적갈색 무늬가 있다.

종령 유충

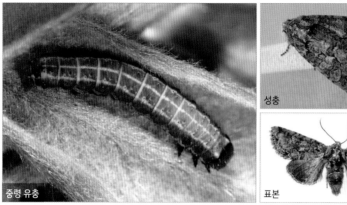

중령 유충

성충

표본

Y-9-7 **먹구름띠밤나방** *Dryobotodes pryeri*

먹이식물: 신갈나무(*Quercus mongolica*)

| **유충시기:** 4월 **유충길이:** 25mm
| **우화시기:** 9월 **날개길이:** 35mm **채집장소:** 하남 검단산

중령 유충 머리는 검은색이고, 몸은 회갈색이며 배 윗면에 흰 줄이 3개 있다. 종령 유충 머리는 갈색이며 굵고 검은 줄무늬가 있고 광택이 난다. 앞가슴은 검은색이고 양쪽에 흰 줄이 있다. 몸은 회갈색이며, 배 윗면 양쪽에 흰 줄이 있고 그 옆에 검은 무늬가 있다. 잎 2장을 풍선처럼 붙이고 그 속에서 지내며, 다 먹으면 다른 잎으로 옮긴다. 흙 속에 들어가 번데기가 되어 초가을에 우화한다. 성충 앞날개에 있는 가락지 무늬와 콩팥 무늬는 옅은 갈색이며 크다. 참나무과와 자작나무과 식물을 먹는다.

종령 유충

중령 유충

성충

표본

Y-9-8 **완도밤나방** *Nyctycia hoenei*

먹이식물: 붉가시나무(*Quercus acuta*)

| **유충시기:** 5월 **유충길이:** 25~29mm
| **우화시기:** 11월 **날개길이:** 28~32mm **채집장소:** 완도수목원

중령 유충 머리는 노란색이고 몸은 우윳빛이며 흰색 줄이 3개 있다. 잎을 접어 붙여 방을 만들어 지낸다. 종령 유충 머리에는 검은색 줄무늬가 2개 있다. 몸은 옅은 회녹색이며, 배마디마다 나뭇잎 1쌍이 붙은 것처럼 생긴 흑갈색 무늬가 있다. 흙 속에 들어가 고치를 틀고 번데기가 되어 늦가을에 우화한다. 성충 앞날개는 녹색과 갈색이 섞여 있으며 횡선은 검은색이다. 콩팥 무늬 윗부분은 녹갈색, 아랫부분은 주황색이다.

종령 유충

중령 유충

성충

표본

Y-9-9 **가시나무밤나방** *Rhynchaglaea fuscipennis*

먹이식물: 붉가시나무(*Quercus acuta*)

유충시기: 5월 **유충길이:** 25mm
우화시기: 11~12월 **날개길이:** 34~35mm **채집장소:** 완도수목원

유충 머리와 몸은 연두색이고, 통통하다. 배 윗면 양쪽에 굵고 흰 줄이 있고 가운데에 가는 흰색 줄이 있다. 유충 배 끝에는 가로 줄무늬가 없다. 중령과 종령 유충은 생김새 변화가 거의 없다. 흙 속에 들어가고치를 틀고 번데기가 되어 늦가을에 우화한다. 성충은 언뜻 멧가시나무밤나방과 생김새가 아주 비슷하며, 무늬와 색상도 변이가 많다. 가시나무밤나방은 앞날개 끝 가까이에 사각 무늬 대신 아주 희미한 삼각 무늬가 있다. 외연은 물결 모양이 아니고 거의 직선이다. 우화 시기도 두 종이 비슷하나 가시나무밤나방이 조금 늦게 우화한다.

종령 유충

중령 유충

성충

성충

성충

성충

표본

Y-9-10 **멧가시나무밤나방** *Rhynchaglaea scitula*

먹이식물: 붉가시나무(*Quercus acuta*)

| **유충시기:** 5월　**유충길이:** 30~32mm
| **우화시기:** 11월　**날개길이:** 34~35mm　**채집장소:** 완도수목원

중령 유충 머리는 황갈색이며 몸 윗면은 옅은 회색이고 중간에 갈색 줄이 있다. 종령 유충 몸은 짙은 황갈색이며, 배 윗면에 흰색 줄이 3개 있고, 기문선도 흰색이다. 흙 속에 들어가 고치를 틀고 번데기가 되어 늦가을에 우화한다. 성충 앞날개는 갈색이거나 미갈색이다. 콩팥 무늬와 가락지 무늬는 옅은 미색으로 둘렸고 콩팥 무늬 옆에 둥글고 검은 무늬가 있다. 날개 끝 가까이 전연에 흑갈색 사각 무늬가 있고, 날개 외연은 작은 물결 모양인데, 이 점이 가시나무밤나방과 구별하는 포인트다. 무늬와 색상 변이가 아주 많다. 『완도수목원의 나방』에 따르면 3~4월에 채집되니 성충으로 월동하는 것으로 보인다.

종령 유충

종령 유충

성충

성충

표본

종령 유충

Y-9-11 **남방산무늬밤나방** *Sugitania lepida*

먹이식물: 졸참나무(*Quercus serrata*)

| 유충시기: 4월 **유충길이:** 30mm
| 우화시기: 10월 **날개길이:** 38mm **채집장소:** 보성 제석산

중령 유충 머리는 주황색이고, 몸은 녹적색이며 털이 별로 없다. 배 윗면 가운데에 연두색 줄이 있다. 종령 유충 머리는 흑갈색이며 몸은 밝은 적갈색이다. 몸은 밋밋하며 전체가 둥근 느낌이고 짧은 털이 드문드문 있다. 불빛을 아주 싫어한다. 동백나무에서 돌아다니는 것을 집으로 데려와서 졸참나무 잎을 먹여 키웠다. 일본에서는 동백나무 꽃봉오리를 먹는 것으로 알려졌다. 성충 앞날개에 산 무늬가 있다. 남쪽 지방에서 채집해 이 종으로 동정했으나, 산무늬밤나방과 생김새가 아주 유사해 생식기 검경이 필요하다.

종령 유충

중령 유충

성충

표본

Y-9-12 **털수염밤나방** *Hyalobole evelina*

먹이식물: 졸참나무(*Quercus serrata*)

┃ **유충시기:** 4~5월 **유충길이:** 25mm
┃ **우화시기:** 10월 **날개길이:** 36mm **채집장소:** 보성 제석산

중령 유충 머리는 황갈색이고, 앞가슴 양쪽에 흰색 줄이 있다. 몸은 자갈색이며 흰 점줄이 3개 있다. 종령 과 중령 유충은 생김새 변화가 별로 없으나, 종령 유충 앞가슴은 흑갈색이고 기문선은 굵은 흰색이다. 흙 속에 들어가 고치를 틀고 번데기가 되어 가을에 우화한다. 성충 앞날개는 연한 황갈색이고, 횡선은 갈색 으로 뚜렷하며 중횡선은 굵고 아외연선은 점줄이다. 가락지 무늬와 콩팥 무늬는 크나 희미하다.

종령 유충

중령 유충

성충

표본

Y-9-13 **남방날개점밤나방** *Conistra nawae*

먹이식물: 붉가시나무(*Quercus acuta*), 갈참나무(*Quercus aliena*)

> **유충시기:** 4~5월 **유충길이:** 40mm
> **우화시기:** 11월 **날개길이:** 40mm **채집장소:** 완도수목원

중령과 종령 유충은 생김새 변화가 거의 없다. 배 윗면은 황갈색이거나 갈색이며 양쪽에 가느다란 흰색 줄이 있다. 배마디마다 있는 다이아몬드 무늬는 연결된다. 머리는 희미한 쑥색인데, 불빛에 항상 감추고 있어 잘 보이지 않는다. 흙 속에 들어가 고치를 틀고 번데기가 되어 늦가을에 우화한다. 성충 앞날개가 적황색인 개체도 있고 흑갈색인 개체도 있다. 외횡선은 이중이고, 콩팥 무늬 윗부분은 불분명하고 중횡선으로 연결된다. 아외연선은 점줄로 이루어졌다.

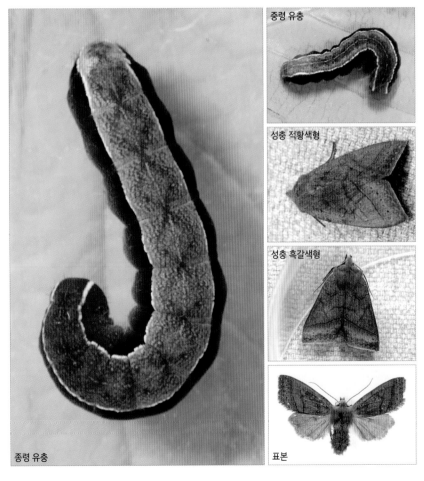

중령 유충

성충 적황색형

성충 흑갈색형

종령 유충

표본

Y-9-14 **선녀밤나방** *Perigrapha hoenei*

먹이식물: 신갈나무(*Quercus mongolica*) 등 참나무류

유충시기: 4~5월 **유충길이:** 45~48mm
우화시기: 이듬해 2~3월 **날개길이:** 52~53mm **채집장소:** 곡성 태안사, 광주 무등산 용추계곡

중령 유충 머리는 주황색이고, 몸은 자녹색이며 배 윗면 가운데와 양쪽에 흰 점줄이 있다. 기문선은 흰색이며 굵다. 배 끝은 약간 높으며 둥그스름하다. 종령 유충 머리는 흑갈색이며, 앞가슴은 회갈색이다. 몸은 희미한 흑갈색이며, 배마디마다 양쪽에 희미한 살구색 무늬가 있다. 불빛을 보면 머리를 가슴으로 넣는다. 흙 속에 들어가 고치를 틀고 번데기가 된다. 성충 앞날개에 있는 검은 삼각 무늬들이 큰 것으로 북방선녀밤나방과 구별했다.

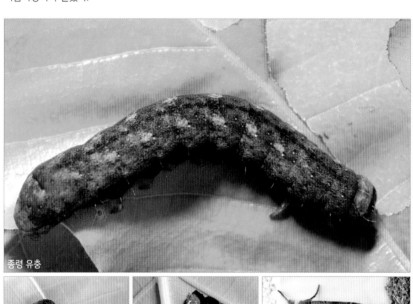
종령 유충

종령 유충

중령 유충

성충

표본

Y-9-15 **깨소금띠밤나방** *Orthosia fausta*

먹이식물: 붉가시나무(*Quercus acuta*)

| **유충시기:** 5월 **유충길이:** 32mm
| **우화시기:** 이듬해 2월 **날개길이:** 36mm **채집장소:** 완도수목원

유충 머리와 몸은 녹색이며, 머리와 앞가슴에 검은 점이 있고 몸에는 중앙과 양쪽에 가는 미백색 줄이 있다. 기문 바로 위에 있는 줄은 약간 더 굵고 검은 점줄이 있다. 8배마디는 둥글게 약간 솟았고, 굵은 가로 줄이 없다. 흙 속에 들어가 고치를 틀고 번데기가 된다. 성충 앞날개는 옅은 갈색이며, 외횡선은 점줄이고 가운데에서 바깥쪽으로 크게 꺾인다. 광식성이다. 무늬 변이가 아주 많아 생식기 검경이 필요하다.

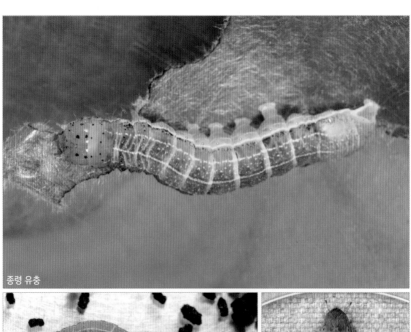
종령 유충

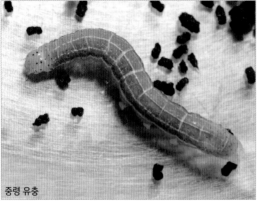
중령 유충

성충

표본

Y-9-16 **썩은밤나방** *Axylia putris*

먹이식물: 계요등(*Paederia scandens*)

유충시기: 8~9월 **유충길이:** 38mm

우화시기: 이듬해 4월 **날개길이:** 33mm **채집장소:** 순천 왕의산

중령 유충 머리는 황갈색이나 종령 유충 머리는 검은색이다. 앞가슴 앞쪽 양쪽에 작고 흰 무늬가 있다. 몸은 흑자색이며 중앙에 굵은 검은색 줄이 있고, 1, 2배마디에 둥글고 흰 무늬가 있다. 각 배마디 양쪽에 삼각 무늬 비슷한 검은 무늬가 있으며, 8배마디 끝에 가로 줄이 있다. 흙 속에 들어가 번데기가 된다. 성충 앞날개는 나뭇결 모양이며 전연과 기부 근처는 적갈색이고 나머지는 미황색이다. 후연각에도 갈색 무늬가 있다. 가락지 무늬와 콩팥 무늬는 검은색이고 둘레는 적갈색이다. 광식성이다.

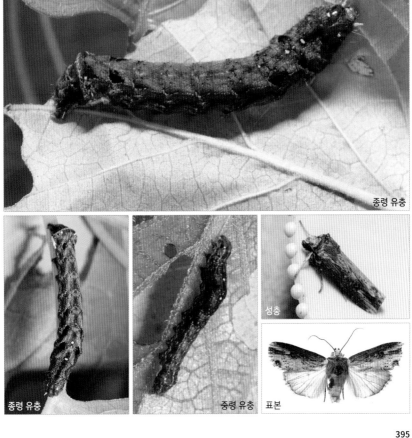

종령 유충

종령 유충

중령 유충

성충

표본

Y-9-17 **남방보라무늬밤나방** *Cerastis violetta*

먹이식물: 다래(*Actinidia arguta*), 가시나무(*Quercus mysinaefolia*)

유충시기: 5월 **유충길이:** 30mm
우화시기: 이듬해 3월 **날개길이:** 35mm **채집장소:** 완도수목원

유충 몸 전체가 검은색이며 아주 작고 흰 점무늬가 섞여 있다. 배 윗면 중앙과 양쪽에 가늘고 흰 점줄이 있다. 배 아랫면 색은 약간 옅다. 8배마디에 굵고 흰 가로 줄무늬가 있다. 흙 속에 들어가 고치를 틀고 번데기가 된다. 성충 앞날개 내횡선과 중횡선은 약간 굵은 물결무늬이고 외횡선은 작은 물결무늬이다. 외횡선과 아외연선 사이 전연에 흑갈색 삼각 무늬가 있다. 광식성이다.

유충

유충 표본

성충

Y-9-18 **거세미나방** *Agrotis segetum*

먹이식물: 배추(*Brassica campestris* subsp. *napus* var. *pekinensis*)

| 유충시기: 7월 **유충길이:** 30mm
| 우화시기: 8월 **날개길이:** 40mm **채집장소:** 순천 해룡면

유충 머리는 작고 연갈색이며 양쪽에 줄무늬가 있다. 몸은 갈색이고 검은 줄이 있으며, 털받침은 검고 약간 솟았다. 빛만 보면 머리를 아래쪽으로 말아 감춘다. 흙 속에 들어가 번데기가 되어 16일 지나면 우화한다. 성충 앞날개는 황갈색이고 내횡선과 외횡선 사이에 있는 가락지 무늬와 콩팥 무늬는 검은색이며 뚜렷하다. 뒷날개는 흰색이다. 광식성으로 대개 농작물이나 풀을 잘 먹는다. 1년에 여러 차례 발생한다.

유충

성충

표본

Z-1 **Gracillariinae sp.1 (가칭)다래가는나방**

가는나방과 민가는나방아과

먹이식물: 다래(*Actinidia arguta*)

유충시기: 5월 **유충길이:** 8mm
우화시기: 6월 **날개길이:** 13mm **채집장소:** 구례 성삼재

유충 머리와 배 끝부분은 연한 살구색이다. 잎을 원뿔 모양으로 붙이고 그 속에서 잎 바깥층을 남기고 먹는다. 다 자라면 집을 나와 잎에 투명한 연갈색 타원형 고치를 튼다. 18일 지나면 우화한다. 성충 날개는 갈색이며, 중간에 검은 점무늬가 있다. 전연 가까이에도 검은 무늬가 있다. 뒷날개 연모는 흑갈색이다.

유충

고치

성충

성충

유충이 잎을 붙인 모양

표본

Z-2 **Gracillariinae sp. (가칭)상동나무가는나방**

가는나방과 민가는나방아과

먹이식물: 상동나무(*Sageretia theezans*)

| **유충시기:** 10월 **유충길이:** 6mm
| **우화시기:** 10월 **날개길이:** 8~8.5mm **채집장소:** 여수 성두리 금오산

상동나무 어린잎을 세모뿔 모양으로 접고 그 속에서 한쪽 면을 먹고 지낸다. 다 자라면 밖으로 나와 잎 주맥 가까이에 타원형으로 왁스 같은 고치를 틀고 번데기가 된다. 13일 지나면 우화한다. 성충 앞날개는 자갈색이고, 전연 중간에 노란색 삼각 무늬가 있으며, 그 옆에 작고 희미한 노란색 반원 무늬가 붙어 있다. 전연에는 작은 자갈색 점무늬가 있다. 뒷날개는 검은색이다.

유충

유충이 잎을 붙인 모양

고치

성충

성충

표본

Z-3 **Gracillariinae sp.** 가는나방과 민가는나방아과

먹이식물: 참싸리(*Lespedeza cyrtobotrya*)

| **유충시기:** 9월   **유충길이:** 6mm
| **우화시기:** 9월   **날개길이:** 9mm   **채집장소:** 보성 제석산

잎을 원뿔 모양으로 돌돌 말아 붙이고 그 속에서 잎 안쪽 면만 먹고 지낸다. 성충 앞날개는 갈색이며 광택이 있고, 전연에는 작은 흑갈색 점이 있다. 연모는 검은색이다.

유충

유충이 잎을 붙인 모양

성충

표본

Z-4 **Yponomeutinae sp.** 집나방과

먹이식물: 사철나무(*Euonymus japonica*)

유충시기: 4~5월 **유충길이:** 15mm
우화시기: 5월 **날개길이:** 18~20.5mm **채집장소:** 광주 무등산 용추계곡

유충 머리는 주황색이다. 가슴은 노란색이며 둥글고 검은 점이 가슴마디마다 2개씩 있다. 배는 녹색이며 배마디마다 둥글고 검은 점이 검은 줄 양쪽에 하나씩 있고, 그 아래에 작고 검은 점이 있다. 실로 넓게 집을 짓고 지내다 그 속에서 작고 흰 방추형 고치를 틀고 번데기가 되며, 13~16일 지나 우화한다. 성충 날개는 짙은 회색이며 검은 점이 있다.

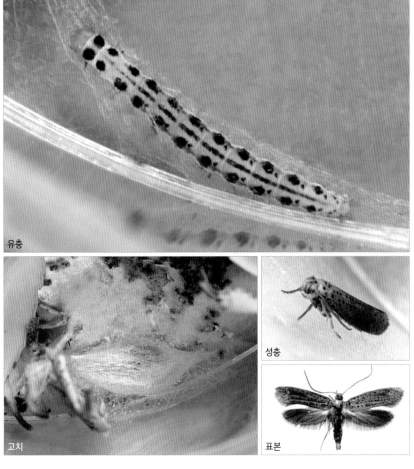

유충

고치

성충

표본

Z-5 Depressariidae sp. 큰원뿔나방과

먹이식물: 사상자(*Torilis japonica*), 전호(*Anthriscus sylvestris*)

| **유충시기:** 5월 **유충길이:** 15mm
| **우화시기:** 6월 **날개길이:** 19mm **채집장소:** 광주 무등산 용추계곡

유충 머리는 다갈색이고 앞가슴은 검은색이며 몸은 녹색이다. 잎을 몸이 들락거릴 수 있을 정도로 둥글게 말고 들락이며 만 잎의 앞부분을 먹으며 지낸다. 잎을 말고 번데기가 되어 17일 지나면 우화한다. 성충 날개는 회갈색이며 전연에 흑갈색 짧은 띠무늬가 있고, 기부에서 1/3 지점에 짧고 검은 줄무늬가 비스듬히 있다.

* 김소라 씨가 연구 중이다.

유충

유충이 잎을 붙인 모양

성충

표본

Z-6 **Gelechiidae sp.** 뿔나방과

먹이식물: 굴피나무(*Platycarya strobilacea*)

유충시기: 5~6월 **유충길이:** 8mm
우화시기: 7월 **날개길이:** 13mm **채집장소:** 순천 계족산

유충 머리와 앞가슴은 노란색이고 앞가슴 양쪽에 둥글고 검은 점이 있다. 몸은 미백색이며 작고 희미한 검은 점이 있다. 항문판은 흰색이다. 잎을 자신이 들락일 수 있을 정도로 접고 들락이며 잎을 먹는다. 똥은 바깥쪽으로 쏘아 버린다. 잎을 붙이고 번데기가 된다. 성충 앞날개는 흑갈색이고 기부에서 1/4 지점에 검은 점무늬 2개가 붙어 있다.

유충

유충이 잎을 접은 모양

성충

표본

Z-7 **Tortricinae sp.** 잎말이나방과 잎말이나방아과

먹이식물: 동백나무(*Camellia japonica*)

유충시기: 5월 **유충길이:** 20mm
우화시기: 5월 **날개길이:** 20mm **채집장소:** 완도수목원

유충 머리, 앞가슴, 항문판은 검은색이며 몸은 녹색기가 도는 회색이다. 동백 잎을 둥글게 말고 지낸다. 잎을 붙이고 번데기가 되어 9일 지나면 우화한다. 성충 앞날개는 연갈색이며 기부 1/3 지점 전연에서 후연으로 가면서 넓어지는 갈색 무늬가 있고, 전연에 반원 무늬가 있다.

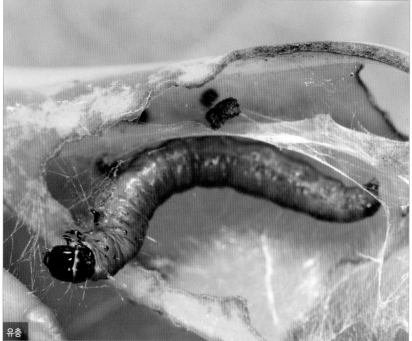

유충

성충

표본

Z-8 **Pseudacroclita sp. (가칭)작살나무애기잎말이나방**

잎말이나방과 애기잎말이나방아과

먹이식물: 작살나무(*Callicarpa japonica*), 새비나무(*Callicarpa mollis*)

유충시기: 9~10월 **유충길이:** 5mm

우화시기: 이듬해 5월 **날개길이:** 8mm **채집장소:** 해남 대흥사, 완도수목원

유충 머리는 주황색, 앞가슴은 갈색이며, 털받침은 흰색이다. 유충은 잎 위아래 표피층 속에서 잎살을 먹고 지내며, 위험을 느끼면 잎 위나 밑의 피신용 방으로 피한다. 다 자라면 잎을 둥글게 잘라 반원으로 접어서 고치를 튼다. 성충 앞날개의 3/4은 갈색과 납색이 뒤섞여 있고, 그 외 1/4은 미색이다.

유충

유충이 들어 있는 잎 모양

잎 아랫면 유충 피신방

고치

성충

표본

Z-9 **Rhopobota sp.** 잎말이나방과 애기잎말이나방아과

먹이식물: 대팻집나무(*Ilex macropoda*)

유충시기: 5월　**유충길이:** 12mm
우화시기: 5월　**날개길이:** 14mm　**채집장소:** 구례 상선암, 광주 무등산

유충 머리와 앞가슴은 검은색이고, 배는 회녹색이며 검은 점이 있다. 항문판에도 검은 무늬가 있다. 잎을
붙이고 지내며, 잎을 약간 접어 붙인 뒤 번데기가 되어 14일 지나면 우화한다. 성충 앞날개에는 회갈색 물
결무늬가 연이어 있고, 외횡선 중간 부분에는 검은 무늬가 각이 지게 바깥쪽으로 튀어나왔다. 외횡선 바
깥쪽은 회색이고 층층다리 같은 모양으로 짧은 줄무늬가 있다.

유충

성충

표본

Z-10 **Olethreutinae sp.** 잎말이나방과 애기잎말이나방아과

먹이식물: 합다리나무(*Meliosma oldhamii*)

유충시기: 5월 **유충길이:** 10mm
우화시기: 5월 **날개길이:** 10~13mm **채집장소:** 광주 무등산, 광양 백운산휴양림

유충 머리와 앞가슴등판은 연노란색이고 몸통은 미색이며 통통하다. 잎을 자신이 들락일 정도로 단단히 접어 붙이고 지낸다. 잎을 접어 붙이고 반원 모양으로 입질을 해 자른 뒤에 번데기가 되어 16일 지나면 우화한다. 성충 앞날개에는 가느다란 회갈색 물결무늬가 줄을 이룬다. 가운데 후연 부분은 회백색이며 외연의 후연 가까이에도 둥글고 흰 부분이 있고, 그 속에 사다리 모양으로 짧은 흑갈색 줄이 있다.

유충

성충

표본

Z-11 **Olethreutinae sp.** 잎말이나방과 애기잎말이나방아과

먹이식물: 중국굴피나무(*Pterocarya stenoptera*)

유충시기: 8월 **유충길이:** 12mm

우화시기: 8월 **날개길이:** 12mm **채집장소:** 나주 산림자원연구소

유충 머리는 살구색이고, 가슴과 몸은 백록색이다. 잎을 붙이고 지내며, 붙인 잎 속에서 번데기가 되어 10일 지나면 우화한다. 성충 앞날개 기부 후연 쪽에 검은 털 다발이 있다. 외횡선대는 넓은 갈색이며, 외연부 근처에도 넓은 갈색 무늬가 있다.

유충

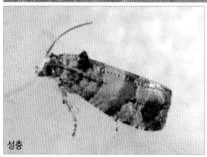
성충

표본

Z-12 **Choreutidae sp.** 뭉뚝날개나방과

먹이식물: 꾸지뽕나무(*Cudrania tricuspidata*)

유충시기: 7~8월, 10월 **유충길이:** 13mm
우화시기: 8월, 이듬해 5월 **날개길이:** 13mm **채집장소:** 담양 금성산성, 광주 무등산 용추계곡, 구례 오산

유충 머리는 노란색이며 작고 갈색인 타원 무늬가 4개 있다. 앞가슴은 연두색이며 점이 많다. 몸은 연두색이고 검은 점이 있다. 노숙 유충이 되면 몸은 회백색으로 변한다. 잎에 실을 많이 쳐서 잎을 둥글게 말아 거미집처럼 만들고 그 속에서 한 마리씩 지낸다. 다만 이렇게 만들어진 잎은 많이 있으나 실제로 유충이 머무는 것은 별로 없었다. 유충에게 해를 입은 나무가 많았다. 여름에는 잎에 넓게 실을 치고 그 속에 타원형 고치를 튼 다음 번데기가 되어 10일 지나면 우화한다. 성충 날개는 잘린 듯 짧다. 내횡선대와 중횡선대는 검은색이고, 중횡선대 안쪽에는 황토색 띠무늬가 있다. 그 외에는 작고 회백색인 물방울무늬가 흩어져 있고 그 사이사이에 또 작고 검은 무늬가 있다.

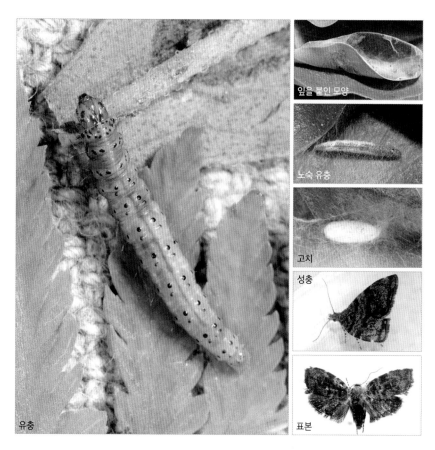

잎을 붙인 모양

노숙 유충

고치

성충

유충

표본

Z-13 **Pyralinae sp.** 명나방과 비단명나방아과

먹이식물: 썩은 나무의 코르크층(Cork layer)

유충시기: 5~6월 **유충길이:** 13mm
우화시기: 7월 **날개길이:** 13mm **채집장소:** 곡성 태안사

지의류를 먹는 유충의 먹이로 가져온 썩은 나무 조각에서 나타났다. 썩어 푸석한 나무에 실을 쳐 놓고 그 아래 코르크층을 먹었다. 유충 머리와 앞가슴은 다갈색이고 몸은 자갈색이다. 지의류에 섞여 있으면 눈에 잘 띄지 않는다. 나무 틈 사이에서 번데기가 되었다. 성충 날개는 자갈색이고 외연에는 띠무늬가 있으며, 앞날개와 뒷날개에 갈색 줄무늬가 있으나 잘 드러나지 않는다.

종령 유충

어린 유충

표본

Z-14 **Phycitinae sp.** 명나방과 알락명나방아과

먹이식물: 밤나무(*Castanea crenata*)

유충시기: 9월 **유충길이:** 18mm
우화시기: 이듬해 5월 **날개길이:** 20mm **채집장소:** 보성 제석산

유충 머리는 미색이고, 짧은 연갈색 무늬가 많다. 앞가슴에도 짧은 연갈색 점이 많고, 앞가슴과 가운데가
슴 양쪽에 검은 점이 있다. 배에는 약간 꼬불꼬불한 노란색과 녹색 무늬가 번갈아 있고, 배마디마다 작고
검은 점이 4개씩 있다. 잎을 약간 당겨 실을 여러 가닥 쳐 놓고 그 아래에서 지낸다. 땅속에 들어가 번데기
가 된다. 성충 날개는 흑갈색이고 내횡선 바깥쪽 중간 위쪽은 검고, 아래쪽에는 흰색 삼각 무늬가 있다.

유충

성충

표본

Z-15 **Phycitinae sp.** 명나방과 알락명나방아과

먹이식물: 나래회나무(*Euonymus macroptera*)

유충시기: 8월 **유충길이:** 20mm
우화시기: 9월, 11월 **날개길이:** 19~21mm **채집장소:** 구례 성삼재

유충 머리는 녹색이고 크고 검은 무늬가 양쪽에 있으며 그 사이에 작은 점무늬가 2개 있다. 앞가슴은 백록색으로 투명하고 가운데가슴 양쪽에는 검은 점이 있다. 몸은 백록색이다. 여러 마리가 실로 잎을 붙여 집을 짓고 집단 또는 단독으로 산다. 똥을 붙인 고치를 틀고 번데기가 되어 실내에서는 17~20일 지나 우화했으며, 온도 20도 미만인 곳에 있던 것 중에는 11월에 우화한 것도 있었다. 성충 앞날개 기부에서 1/3 지점 전연에 검은 삼각 무늬가 있고, 그 아래에 반원 비슷한 흰 부분이 있으며, 그 안쪽에 흑갈색 무늬가 있다. 아외연선은 흰색이고 중간에서 바깥쪽으로 조금 튀어나오며, 아외연선 안팎은 검은색이다.

유충

똥을 붙인 고치

성충

표본

Z-16 **Erebidae sp.** 태극나방과

먹이식물: 섬모시풀(*Boehmeria nivea* var. *nipononivea*)

유충시기: 8월　**유충길이:** 20mm
우화시기: 8월　**날개길이:** 22~24mm　**채집장소:** 장흥 천관산동백숲 임도

유충 머리는 백록색이며 아주 작고 검은 점이 있다. 가슴에도 검은 점이 있다. 몸은 투명한 백록색이며 배 윗면 양쪽에 흰 줄이 있고 털받침은 검은색이다. 3, 4배마디 다리는 퇴화했다. 잎을 붙이고 번데기가 되어 8일 지나면 우화한다. 성충 앞날개 외횡선은 흰색이며, 크게 두 번 바깥쪽으로 휘며 후연에 직각으로 연결된다. 내횡선은 고동색이며 구불구불하다. 내횡선과 외횡선 사이에 작고 검은 점이 있다.

유충

성충

표본

Z-17 **Erebidae sp.** 태극나방과

먹이식물: 이팝나무(*Chionanthus retusa*)

유충시기: 8월	**유충길이:** 25mm
우화시기: 8월	**날개길이:** 33~34mm **채집장소:** 광양 동곡계곡

중령 유충 머리는 노란색, 몸은 연두색이며, 잎 한쪽 면만 먹는다. 종령 유충 머리 양쪽에 굵은 적갈색 줄무늬가 있다. 연두색 몸에 노란 점무늬가 있고, 5배마디 기문 주위에 붉은 무늬가 있다. 붉게 변한 노숙 유충은 흙 속에 들어가 고치를 틀고 번데기가 되어 10일 지나면 우화한다. 성충 앞날개는 회황색이며 외횡선 바깥쪽은 회색빛이 강하다. 내횡선 바깥쪽에 가락지 무늬가 있고, 중횡선 안쪽에 횡맥 무늬가 있으며, 외횡선은 중간에서 둥글게 바깥쪽으로 휜다. 외연은 둥글다. 뒷날개는 회황색이며 외횡선은 뚜렷하다.

종령 유충

중령 유충

중령 유충

노숙 유충

성충

표본

Z-18 **Erebidae sp.** 태극나방과

먹이식물: 황단나무(*Dalbergia hupeana*)

유충시기: 8월 **유충길이:** 30mm
우화시기: 8월 **날개길이:** 20~21mm **채집장소:** 나주 산림자원연구소

유충 머리는 연두색이며 몸은 백록색이고 약간 꼬불꼬불한 흰색 줄이 5개 있다. 3배마디 다리는 없고 4
배마디 다리는 짧다. 잎을 붙이고 번데기가 되어 8일 지나면 우화한다. 성충 앞날개는 회갈색이고 횡선은
갈색이다. 내횡선과 외횡선 사이 콩팥 무늬는 흑갈색이며 크다.

*황단나무는 콩과 식물로 아까시나무와 비슷하며, 가시가 없고 잎이 약간 더 두껍다. 최세웅 교수가 연구 중이다.

유충

유충

성충

표본

Z-19 **Erebidae sp.** 태극나방과

먹이식물: 까마귀베개(*Rhamnella franguloides*)

유충시기: 5월 **유충길이:** 22mm
우화시기: 6월 **날개길이:** 19~22mm **채집장소:** 광주 무등산 용추계곡

중령 유충 머리는 연한 회색이다. 몸은 녹색 빛이 도는 검은색이다. 종령 유충 머리는 회색이며 작고 검은
무늬가 있고, 몸은 검으며 작고 흰 점도 있다. 기문선은 연노란색이다. 남방세무늬저녁나방 유충과 먹이
식물, 발생 시기가 같고 종령 유충 생김새가 비슷하나, 머리에 있는 무늬가 다르고 크기가 더 작으며 기문
이 눈에 띄지 않는 점이 다르다. 남방세무늬저녁나방 유충은 기문이 검은색으로 눈에 확 띈다. 성충 날개
는 흑청색이고 기저와 날개 앞쪽 끝, 날개 뒤쪽 끝에 갈색과 보라색으로 이루어진 큰 무늬가 있다. 이런 점
은 남방세무늬저녁나방과 비슷하다.

* 최세웅 교수가 연구 중이다.

종령 유충

종령 유충

성충

표본

종령 유충

『나방 애벌레 도감』1, 2권 수정과
미동정 종 동정

『나방 애벌레 도감』(2012)

- **p.44. B-1-2 귀룽큰애기잎말이나방**

  학명 수정: *Eudemis brevisetosa*

  * 학명이 변경되었음

- **p.109. I-2-5 구름무늬들명나방**

  국명, 학명 수정: 끝무늬들명나방 *Pycnarmon pantherata*

- **p.183. O-1-5 쌍점줄갈고리나방**

  국명, 학명 수정: 만주흰갈고리나방 *Ditrigona komarovi*

- **p.194. P-8 국명 없음**

  국명 확정: 참빗살뾰족날개나방

- **p.266. Q-6-3 두줄푸른자나방**

  국명, 학명 수정: 두줄애기푸른자나방 *Jodis lactearia*

- **p.280. S-2-3 국명 없음**

  국명 확정: 산골누에나방

- **p.347. X-2 작은물결무늬혹나방**

  국명, 학명 수정: 속검은혹나방 *Meganola mediofascia*

- **p.464. Z-1 미동정 종**

  동정: 좁은날개애기잎말이나방 *Zeiraphera fulvomixtana*

- **p.491. Z-28 미동정 종**

  동정: 날개노랑들명나방 *Circobotys heterogenalis*

  먹이식물: 나도바랭이새(화본과)

- **p.497. Z-34 미동정 종**

  동정: 검정띠독나방 *Gynaephora atrata*

  * 최세웅 교수의 논문이 나올 예정

- **p.498. Z-35 미동정 종**

  동정: 두점회색혹나방 *Manoba banghaasi*

『나방 애벌레 도감 2』(2016)

- **p.95. C-1 둥근날개주머니나방**

  우화시기 수정: 4월

- **p.120. I-2 국명 없음**

  우화시기 수정: 11월

- **p.146. J-4-9 국명 없음**

  국명, 학명 수정: 버들잎말이뿔나방 *Psoricoptera gibbosella*

  * 학명이 변경되었음

- **p.153. K-1-7 울릉노랑들명나방**

  먹이식물 추가: 팽나무, 풍게나무

  * 매우 유사한 종이 있어 재검토가 필요함

- **p.157. K-1-11 국명 없음**

  먹이식물 수정: 장구밥나무

- **p.196. O-2-3 참쐐기나방**

  먹이식물 수정: 밤나무, 신갈나무 등 참나무류

  유충시기 수정: 7월, 10월

  유충길이 수정: 18mm

  우화시기 수정: 8월, 이듬해 5월

  채집장소 수정: 광양 서울대학술림, 장흥 천관산동백숲 임도

- **p.231. Q-5-11 귀무늬가지나방**

  국명, 학명 수정: 뾰족귀무늬가지나방 *Eilicrinia nuptaria*

- **p.244. Q-5-24 굵은줄제비가지나방**

  국명, 학명 수정: 연노랑제비가지나방 *Ouraptery nivea*

  * 우리나라는 굵은제비가지나방이 없는 것으로 보고, 「국가생물종목록」에 연노랑제비가지나방으로 정리되었음

- **p.255. R-1 배버들나방**

  국명, 학명 수정: 버들나방 *Gastropacha populifolia angustipennis*

- **p.264. T-1-1 노랑갈고리박각시**

  국명, 학명 수정: 점갈고리박각시 *Ambulyx ochracea*

- **p.288. X-1 국명 없음**

  국명 확정: 남방껍질나방(혹나방과 남방껍질나방아과)

- **p.304. Y-4-7 흰줄짤름나방**

  국명, 학명 수정: 북방끝짤름나방 *Pangrapta textilis*

- **p.345. Z-2 미동정 종**
  동정: 어리큰점잎말이나방 *Acleris hispidana*

- **p.347. Z-4 미동정 종**
  동정: *Acleris tigricolor*
  * 「국가생물종목록」에는 없음

- **p.352. Z-9 미동정 종**
  동정: 우수리애기잎말이나방 *Olethreutes nigricrista*

- **p.361. Z-18 미동정 종**
  동정: 산초큰원뿔나방 *Depressaria colossella*
  * 김소라 씨가 동정

- **p.366. Z-23 미동정 종**
  동정: 긴털주머니뿔나방 *Chorivalva unisaccula*

- **p.368. Z-25 미동정 종**
  동정: 삼각수염뿔나방 *Dichomeris sparsella*

- **p.372. Z-29 미동정 종**
  동정: 작은남방알락명나방 *Nephopterix tomisawai*

- **p.374. Z-31 미동정 종**
  동정: 숲쐐기나방 *Ceratonema imitatrix*

- **p.375. Z-32 미동정 종**
  동정: 북방겨울자나방 *Inurois brunneus*

- **p.376. Z-33 미동정 종**
  동정: 이른봄넓은띠겨울가지나방 *Phigaliohybernia latifasciaria*

- **p.377. Z-34 미동정 종**
  동정: 쌍줄톱날혹나방 *Meganola ohsunghwani*

- **p.378. Z-35 미동정 종**
  동정: 민머리큰밤나방 *Asidemia inexpecta*

- **p.379. Z-36 미동정 종**
  과 수정: 명나방과
  동정: 팔굽비단명나방 *Omphalomia hirta*

- **p.380. Z-37 미동정 종**
  과 동정: 잎말이나방과
  종 동정: 물푸레잎말이나방 *Doloploca praeviella*
  * 변혜민 씨의 논문이 나올 예정

참고문헌

- 김상수 외 1인. 2019. 『한국 나방 도감』. 자연과생태.
- 김성수 외 3인. 2016. 「최근 분류 체계로 본 한반도 밤나방상과의 목록 재정리」. Entmological Research Bulletin, 32(2).
- 김성수 외 3인. 2016. 『완도수목원의 나방』. 완도수목원.
- 김성수 외 4인. 2016. 『한국의 자나방』. 국립생물자원관.
- 김창환 외 2인. 1982. 『한국동식물도감 26권』. 문교부.
- 박규택, 배양섭, 변봉규, 안능호. 2012. 『국가생물종목록집 곤충 나비목』. 국립생물자원관.
- 박규택. 1999. 『한국의 나방 (1)』. 생명공학연구소. 한국곤충분류연구회.
- 박규택. 2004. 『뿔나방과 남방뿔나방과』. 농업과학기술원.
- 배양섭. 2001. 『명나방상과』. 농업과학기술원.
- 배양섭. 2004. 『명나방상과 2』. 농업과학기술원.
- 배양섭. 2011-2014. 『한국의 곤충 제16권 1-13호』. 국립생물자원관.
- 백문기. 2012. 『한국 밤곤충 도감』. 자연과생태.
- 손재천. 2006. 『애벌레 도감』. 황소걸음.
- 신유항 외 2인. 1983. 『한국동식물도감 27권』. 문교부.
- 신유항. 2001. 『원색 한국 나방 도감』. 아카데미서적.
- 안정섭 외 3인. 2012. 『지리산 국가 장기 생태 연구 조사지의 나방 다양성과 분포』. 국립환경과학원.
- 이범진, 정영진. 1999. 『한국 수목해충 도감』. 성안당.
- 한국균학회, 한국미생물학회. 2019. 「국가생물종목록 1 식물」. 국립생물자원관.
- 한국응용곤충학회, 한국곤충학회. 2019. 「국가생물종목록 3 곤충」. 국립생물자원관.
- Byun, B.K, Y.S. Bae and K.T. Park. 1998. Illustrated Catalogue of Tortricidae in Korea. 정행사.
- Kononko V.S, S.B. Ahn, L.Ronkey. 1998. Illustrated Catalogue of Noctuidae in Korea (한국산밤나방과). 정행사.
- Malcolm J. Scoble. 2002. The Lepidoptera. Oxford University Press.
- Park, Kyu-Tek and Margarita G. Ponomarenko 2007. Gelechiidae of the Korean Peninsula and Adjacent Territories. 정행사.
- Stephen A. Marshall. 2006. Insects Their Natural History and Diversity. Firefly Book.
- 江崎悌三 外6人. 1999. 原色日本産蛾類圖鑑 上, 下. 保育社.
- 駒井古實 外3人編. 2011. 日本の鱗翅類. 東海大學出版會.
- 岸田泰則編. 2011-2013. 日本産蛾類標準圖鑑 Ⅰ, Ⅱ, Ⅲ, Ⅳ. 學習研究社.
- 井上寬 外4人. 1982. 日本産蛾類大圖鑑. 講談社.
- 編輯部. 2005. 日本産幼蟲圖鑑. 學習研究社.

학명 찾기

Micromelalopha sieversi 292

Mixochlora argentifusa 233

Myrioblephara nanaria 206

Narcotica niveosparsa 373

Neoanathamna cerinus 96

Neodrymonia coreana 286

Ninodes watanabei 180

Nolathripa lactaria 356

Nordstromia grisearia 162

Norracoides basinotata 287

Nosophora (Analthes) semitrialis 137

Nothomiza oxygoniodes 210

Notodonta dembowskii 284

Numenes albofascia 306

Nycteola costalis 351

Nyctycia hoenei 387

Odonestis pruni rufescens 262

Odontopera arida 211

Oidaematophorus iwatensis 109

Olethreutes manoi 94

Oncocera semirubella 120

Oraesia excavata 325

Oreta insignis 167

Oreta loochooana timula 168

Oroplema plagifera 259

Orthaga olivacea 135

Orthaga onerata 126

Orthocabera sericea 181

Orthocabera tinagmaria 182

Orthogonia sera 380

Orthosia fausta 394

Ourapteryx maculicaudaria 215

Oxymacaria temeraria 191

Pachista superans 218

Pagyda (Paliga) ochrealis 147

Pandemis monticolana 82

Pangrapta flavomacula 308

Pangrapta trilineata 309

Parabapta clarissa 185

Paradarisa consonaria 201

Paralida triannulata 76

Parapammene reversa 106

Parapercnia giraffata 192

Parapsestis argenteopicta 178

Paratalanta pandalis 146

Parectropis similaria 203

Parum colligata 274

Pempelia maculata 122

Peridaedala japonica 100

Perigrapha hoenei 393

Phaecadophora fimbriata 93

Phaecasiophora obraztsovi 95

Phyllonorycter pastorella 48

Phyllonorycter styracis 49

Phyllosphingia dissimilis 275

Pingasa aigneri 217

Plagodis dolabraria 213

Platyptilia farfarellus 111

Plesiomorpha flaviceps 188

Plusiodonta casta 327

Polyhymno trapezoidella 66

Polythlipta liquidalis 148

Problepsis eucircota 235

Pseudacroclita hapalaspis 101

Pseudopidorus fasciatus 156

Ptycholoma imitator 85

Racotis petrosa 204

Ramobia mediodivisa 197

Rhesala moestalis 332

Rhodoneura hyphaema 112

Rhopobota toshimai 102

Rhynchaglaea fuscipennis 388

Rhynchaglaea scitula 389

Rhynchobapta cervinaria 186

Rhynchobapta eburnivena 187

Risoba obscurivialis 344

Rosama ornata 291

Salebriopsis monotonella 124

Sandrabatis crassiella 123

Saridoscelis kodamai 50

독자와 함께 만드는
생물 도감

<자연과생태>는 '사람도 자연이다. 우리 사는 모습도 생태다'라는 생각으로
자연을 살피는 일이 나와 이웃을 살피는 일과 다르지 않다고 여기며
자연 원리에서 사회 원리도 찾아보려고 노력합니다.
숨은 소재를 찾고, 주목받지 못하는 분야를 들여다보며
원하는 사람이 적더라도 꼭 있어야 할 도감,
우리나라에서뿐만 아니라 전 세계 어디에서도 찾아볼 수 없는 도감을
꾸준히 펴내는 데에 나란히 걸어 주실 독자 회원 님을 모십니다.

회원제도 운영 취지

우리나라에는 연구자나 정보 소비자가 매우 적은 생물 분야가 많습니다. 그러므로 오랜 세월 한 분야를
파고든 연구자가 자료를 정리해 기록으로 남기려 해도 소비해 줄 독자가 적어서 도감으로 펴내기 어려운
일이 많습니다.
책으로 펴내려면 최소한 500부 이상의 독자가 확보되어야 하는데, 턱없이 못 미치는 일이 많습니다. 생
물 도감을 꾸준히 받아 보려는 독자가 200~300명이라도 확보된다면 다소 소외된 분야 도감이더라도 펴
낼 수 있겠다고 생각했습니다. 자연과학 여러 분야에서 묵묵히 자료를 쌓아 가는 미래 저자에게도 힘이
되리라 생각합니다.

회원이 되시면(회원 유지 기간 중)

- 회원 증정본 외에 책을 추가로 구입하실 경우 10% 할인해 드립니다.
- 신간 안내 및 행사 정보를 담은 소식을 보내 드립니다.
- 즐겁게 공유할 일들을 함께 궁리합니다.
- 다음 네 가지 회원 유형에 따라 <자연과생태>에서 새롭게 펴내는 도감을 받으실 수 있습니다.

<생물 도감 독자 회원제도> 안내

1. 풀꽃 회원
- 회비는 10만 원이며, <자연과생태>에서 새롭게 펴내는 생물 도감 5권을 보내 드립니다.
- 이전에 발행한 책을 원하시면 2권까지(권당 3만 원 이하 책) 대체 가능합니다.

2. 나무 회원
- 회비는 30만 원이며, <자연과생태>에서 새롭게 펴내는 생물 도감 17권을 보내 드립니다.
- 이전에 발행한 책을 원하시면 8권까지(권당 3만 원 이하 책) 대체 가능합니다.

3. 열매 회원
- 회비는 50만 원이며, <자연과생태>에서 펴내는 생물 도감 30권을 보내 드립니다.
- 이전에 발행한 책을 원하시면 10권까지(권당 3만 원 이하 책) 대체 가능합니다.

4. 뿌리 회원(개인/단체/기업)
- 회비는 100만 원이며, 후원 회원을 일컫습니다.
- <자연과생태>에서 새롭게 발행하는 생물 도감 60권을 보내 드립니다.
- 이전에 발행한 책을 원하시면 20권까지(가격 제한 없음) 대체 가능합니다.
- 발행하는 도감에 책을 펴내는 데에 도움을 주신 회원 님의 이름을 싣습니다.

※ 회원으로 가입하시려면 다음 계좌로 입금하신 뒤 아래 연락처로
이름, 책 받으실 주소, 전화번호, 이메일 주소를 알려 주세요.
계좌 : 국민은행 054901-04-142979   예금주 : 조영권(자연과생태)
전화 : 02-701-7345~6   이메일 : econature@naver.com

뿌리 회원 님, 고맙습니다.

- 강미영 님
- 강석찬 님
- 경남숲교육협회 님
- 권경숙 님
- 길지현 님
- 김영선 님
- 김현순 님
- 류동표 님

- 류새한 님
- 박보선 님
- 박소은 님
- 박운남 님
- (유)나비마을 님
- 송은희 님
- 오규성 님
- 이동환 님

- (주)수엔지니어링 님
- 철수와영희 님
- 허운홍 님
- 홍양기 님
- 환경교육연구지원센터 님
- 황재웅 님

*이름은 가나다순입니다.